国家出版基金项目
NATIONAL PUBLICATION FOUNDATION

「十三五」国家重点图书出版规划项目

西夏学文库

第二辑

著作卷

杜建录 史金波 主编

西夏帽式研究

魏亚丽 著

甘肃文化出版社

图书在版编目（ＣＩＰ）数据

西夏帽式研究 / 魏亚丽著. -- 兰州 : 甘肃文化出
版社，2022.11
（西夏学文库 / 杜建录，史金波主编. 第二辑）
ISBN 978-7-5490-2320-2

Ⅰ．①西… Ⅱ．①魏… Ⅲ．①帽－研究－中国－西夏
Ⅳ．①TS941.721

中国版本图书馆CIP数据核字(2021)第197135号

西夏帽式研究

魏亚丽｜著

策　　划　｜　郎 军 涛
项目统筹　｜　甄 惠 娟
责任编辑　｜　史 春 燕
封面设计　｜　苏 金 虎

出版发行　｜　甘肃文化出版社
网　　址　｜　http://www.gswenhua.cn
投稿邮箱　｜　gswenhuapress@163.com
地　　址　｜　兰州市城关区曹家巷 1 号 ｜ 730030（邮编）

- -

营销中心　｜　贾　莉　王　俊
电　　话　｜　0931-2131306

- -

印　　刷　｜　西安国彩印刷有限公司
开　　本　｜　787 毫米 ×1092 毫米　1/16
字　　数　｜　226 千
印　　张　｜　12.5
版　　次　｜　2022 年 11 月第 1 版
印　　次　｜　2022 年 11 月第 1 次
书　　号　｜　ISBN 978-7-5490-2320-2
定　　价　｜　62.00 元

宁夏大学西夏学研究院

中国社会科学院西夏文化研究中心 编

百年风雨　一路走来

——《西夏学文库》总序

一

经过几年的酝酿、规划和编纂，《西夏学文库》（以下简称《文库》）终于和读者见面了。2016年，这一学术出版项目被列入"十三五"国家重点图书出版规划，2017年入选国家出版基金项目，并在"十三五"开局的第二年即开始陆续出书，这是西夏学界和出版社共同努力的硕果。

自1908、1909年黑水城西夏文献发现起，近代意义上的西夏学走过了百年历程，大体经历了两个阶段：

20世纪20年代至80年代为第一阶段，该时期的西夏学有如下特点：

一是苏联学者"近水楼台"，首先对黑水城西夏文献进行整理研究，涌现出伊凤阁、聂历山、龙果夫、克恰诺夫、索弗罗诺夫、克平等一批西夏学名家，出版了大量论著，成为国际西夏学的"老大哥"。

二是中国学者筚路蓝缕，在西夏文文献资料有限的情况下，结合汉文文献和文物考古资料，开展西夏语言文献、社会历史、文物考古研究。20世纪30年代，王静如出版三辑《西夏研究》，内容涉及西夏佛经、历史、语言、国名、官印等。1979年，蔡美彪《中国通史》第六册专列西夏史，和辽金史并列，首次在中国通史中确立了西夏史的地位。

三是日本、欧美的西夏研究也有不俗表现，特别是日本学者在西夏语言文献和党项古代史研究方面有着重要贡献。

四是经过国内外学界的不懈努力，至20世纪80年代，中国西夏学界推出《西夏史稿》《文海研究》《同音研究》《西夏文物研究》《西夏佛教史略》《西夏文物》等一系列标志性成果，发表了一批论文。西夏学从早期的黑水城文献整理与西夏文字释读，拓展成对党项民族及西夏王朝的政治、历史、经济、军事、地理、宗教、考古、文物、文献、语言文字、文化艺术、社会风俗等全方位研究，完整意义上的西夏学已经形成。

20世纪90年代迄今为第二阶段，这一时期的西夏学呈现出三大新特点：

一是《俄藏黑水城文献》《英藏黑水城文献》《日本藏西夏文文献》《法藏敦煌西夏文文献》《斯坦因第三次中亚考古所获汉文文献（非佛经部分）》《党项与西夏资料汇编》《中国藏西夏文献》《中国藏黑水城汉文文献》《中国藏黑水城民族文字文献》《俄藏黑水城艺术品》《西夏文物》（多卷本）等大型文献文物著作相继整理出版，这是西夏学的一大盛事。

二是随着文献文物资料的整理出版，国内外西夏学专家们，无论是俯首耕耘的老一辈学者，还是风华正茂的中青年学者，都积极参与西夏文献文物的诠释和研究，潜心探索，精心培育新的科研成果，特别是在西夏文文献的译释方面，取得了卓越成就，激活了死亡的西夏文字，就连解读难度很大的西夏文草书文献也有了突破性进展，对西夏历史文化深度开掘做出了实质性贡献。举凡西夏社会、政治、经济、军事、文化、法律、宗教、风俗、科技、建筑、医学、语言、文字、文物等，都有新作问世，发表了数以千计的论文，出版了数以百计的著作，宁夏人民出版社、上海古籍出版社、中国社会科学出版社、社科文献出版社、甘肃文化出版社成为这一时期西夏研究成果出版的重镇。宁夏大学西夏学研究院编纂的《西夏研究丛书》《西夏文献研究丛刊》，中国社会科学院西夏文化研究中心联合宁夏大学西夏学研究院等单位编纂的《西夏文献文物研究丛书》是上述成果的重要载体。西夏研究由冷渐热，丰富的西夏文献资料已悄然影响着同时代宋、辽、金史的研究。反之，宋、辽、金史学界对西夏学的关注和研究，也促使西夏研究开阔视野，提高水平。

三是学科建设得到国家的高度重视，宁夏大学西夏学研究中心（后更名为西夏学研究院）被教育部批准为高校人文社科重点研究基地，中国社会科学院将西夏学作为"绝学"，予以重点支持，宁夏社会科学院和北方民族大学也将西夏研究列为重点。西夏研究专家遍布全国几十个高校、科研院所和文物考古部门，主持完成和正在开展近百项国家和省部级科研课题，包括国家社科基金特别委托项目"西夏文献文物研究",重大项目"黑水城西夏文献研究""西夏通志""黑水城出土医药文献整理研究",教育部重大委托项目"西夏文大词典""西夏多元文化及其历史地位研究"。

　　研究院按照教育部基地评估专家的意见,计划在文献整理研究的基础上,以国家社科基金重大项目和教育部重大委托项目为抓手,加大西夏历史文化研究力度,推出重大成果,同时系统整理出版百年来的研究成果。中国社会科学院西夏文化研究中心也在继承传统、总结经验的基础上,制订加强西夏学学科建设、深化西夏研究、推出创新成果的计划。这与甘肃文化出版社着力打造西夏研究成果出版平台的设想不谋而合。于是三方达成共同编纂出版《文库》的协议,由史金波、杜建录共同担纲主编,一方面将过去专家们发表的优秀论文结集出版,另一方面重点推出一批新的研究著作,以期反映西夏研究的最新进展,推动西夏学迈上一个新的台阶。

二

　　作为百年西夏研究成果的集大成者,作为新时期标志性的精品学术工程,《文库》不是涵盖个别单位或部分专家的成果,而是要立足整个西夏学科建设的需求,面向海内外西夏学界征稿,以全方位展现新时期西夏研究的新成果和新气象。《文库》分为著作卷、论集卷和译著卷三大板块。其中,史金波侧重主编论集卷和译著卷,杜建录侧重于主编著作卷。论集卷主要是尚未结集出版的代表性学术论文,因为已公开发表,由编委会审核,不再匿名评审。著作卷由各类研究项目(含自选项目)成果、较大幅度修订的已出著作以及公认的传世名著三部分组成。所有稿件由编委会审核,达到出版水平的予以出版,达不到出版水平的,则提出明确修改意见,退回作者修改补正后再次送审,确保《文库》的学术水准。宁夏大学西夏学研究院设立了专门的基金,用于不同类型著作的评审。

　　西夏研究是一门新兴的学科,原来人员构成比较单一,学术领域比较狭窄,研究方法和学术水准均有待提高。从学科发展的角度看,加强西夏学与其他学科的学术交流,是提高西夏研究水平的有效途径。我国现有的西夏研究队伍,有的一开始即从事西夏研究,有的原是语言学、历史学、藏传佛教、唐宋文书等领域的专家，后来由于深化或扩充原学术领域而涉足西夏研究，这些不同学术背景的专家们给西夏研究带来了新的学术视角和新的科研气象，为充实西夏研究队伍、提高西夏研究水平、打造西夏学学科集群做出了重要的贡献。在资料搜集、研究方法和学术规范等方面，俄罗斯、日本、美国、英国和法国的西夏研究者值得我们借鉴学习，《文库》尽量把他们的研究成果翻译出版。值得一提的是，我们还特别请作者，特别是老专家在各自的著述中撰写"前言"，深入讲述个人从事西夏研究的历程，使大家深切感受各位专家倾心参与西夏研究的经历、砥砺钻研的刻苦精神，以及个中深刻的体会和所做出的突出成绩。

《文库》既重视老专家的新成果，也青睐青年学者的著作。中青年学者是创新研究的主力，有着巨大的学术潜力，代表着西夏学的未来。也许他们的著作难免会有这样那样的不足，但这是他们为西夏学殿堂增光添彩的新篇章，演奏着西夏研究创新的主旋律。《文库》的编纂出版，既是建设学术品牌、展示研究成果的需要，也是锻造打磨精品、提升作者水平的过程。从这个意义上讲，《文库》是中青年学者凝练观点、自我升华的绝佳平台。

入选《文库》的著作，严格按照学术图书的规范和要求逐一核对修订，务求体例统一，严谨缜密。为此，甘肃文化出版社成立了《文库》项目组，按照国家精品出版项目的要求，精心组织，精编精校，严格规范，统一标准，力争将这套图书打造成内容质量俱佳的精品。

三

西夏是中国历史的重要组成部分，西夏文化是中华民族文化不可或缺的组成部分。西夏王朝活跃于历史舞台，促进了我国西北地区的发展繁荣。源远流长、底蕴厚重的西夏文明，是中华各民族兼容并蓄、互融互补、同脉同源的见证。深入研究西夏有利于完善中国历史发展的链条，对传承优秀民族文化、促进各民族团结繁荣有着重要意义。西夏研究工作者有责任更精准地阐释西夏文明在中华文明中的地位、特色、贡献和影响，把相关研究成果展示出来。《文库》正是针对西夏学这一特殊学科的建设规律，瞄准西夏学学术发展前沿，提高学术原创能力，出版高质量、标志性的西夏研究成果，打造具有时代特色的学术品牌，增强西夏学话语体系建设，对西夏研究起到新的推动作用，对弘扬中华优秀传统文化做出新的贡献。

甘肃是华夏文明的重要发祥地之一，也是中华民族多元文化的资源宝库。在甘肃厚重的地域文明中，西夏文化是仅次于敦煌文化的另一张名片。西夏主体民族党项羌自西南地区北上发展时，最初的落脚点就在现在的甘肃庆阳一带。党项族历经唐、五代、宋初的壮大，直到占领了河西走廊后，才打下了立国称霸的基础。在整个西夏时期，甘肃地区作为西夏的重要一翼，起着压舱石的作用。今甘肃武威市是西夏时期的一流大城市西凉府所在地，张掖市是镇夷郡所在地，酒泉市是番和郡所在地，都是当时闻名遐迩的重镇。今瓜州县锁阳城遗址为西夏瓜州监军所在地。敦煌莫高窟当时被誉为神山。甘肃保存、出土的西夏文物和文献宏富而精彩，凸显了西夏文明的厚重底蕴，为复原西夏社会历史提供了珍贵的历史资料。甘肃是西夏文化的重要根脉，是西夏文明繁盛的一方沃土。

甘肃文化出版社作为甘肃本土出版社，以传承弘扬民族文化为己任，早在 20 多年前就与宁夏大学西夏学研究中心（西夏学研究院前身）合作，编纂出版了《西夏研究丛书》。近年来，该社精耕于此，先后和史金波、杜建录等学者多次沟通，锐意联合编纂出版《文库》，全力申报"十三五"国家图书出版项目和国家出版基金项目，践行着出版人守望、传承优秀传统文化的历史使命。我们衷心希望这方新开辟的西夏学园地，成为西夏学专家们耕耘的沃土，结出丰硕的科研成果。

史金波　杜建录

2017 年 3 月

目 录

概　述 ···001
　　一、研究现状 ·······························001
　　二、研究意义 ·······························011
　　三、研究内容 ·······························012
第一章　皇帝帽式 ·······························014
　第一节　镂冠 ·································014
　第二节　锥形高冠 ·······························016
　第三节　东坡巾 ·································019
　　一、东坡巾源起 ·······························019
　　二、西夏皇帝东坡巾 ···························024
　第四节　冕冠、毡冠、黑冠 ·····················029
　　一、冕冠 ···································029
　　二、毡冠 ···································029
　　三、黑冠 ···································030
　第五节　通天冠 ·································031
　　一、通天冠：历代帝王专属首服 ···············031
　　二、西夏通天冠形象 ···························032
　　三、西夏通天冠的政治寓意 ···················038
　　小　结 ·····································039

第二章　文官帽式 ·······························041

1

第一节　幞头 …………………………………………………041

　　一、软脚幞头 …………………………………………042

　　二、硬脚幞头 …………………………………………045

　　三、展脚幞头 …………………………………………046

　　四、直脚幞头 …………………………………………047

　　五、交脚幞头 …………………………………………049

　　六、长脚罗幞头 ………………………………………050

第二节　东坡巾 …………………………………………………052

　　一、西夏文官东坡巾 …………………………………052

　　二、西夏皇帝与文官东坡巾比较 ……………………056

　　三、西夏东坡巾与中原东坡巾的不同之处 …………057

　　四、西夏对中原东坡巾的沿袭及其在西夏社会流行的原因

　　　　……………………………………………………058

第三节　笼冠 ……………………………………………………060

　　小　结 …………………………………………………062

第三章　武职帽式 ………………………………………………063

第一节　镂冠 ……………………………………………………064

第二节　黑漆冠 …………………………………………………068

第三节　帽盔 ……………………………………………………071

第四节　裹巾子 …………………………………………………075

　　小　结 …………………………………………………076

第四章　僧侣帽式 ………………………………………………077

第一节　莲花帽 …………………………………………………077

第二节　黑帽 ……………………………………………………086

第三节　白冠红缨帽 ……………………………………………089

第四节　裹巾 ……………………………………………………090

第五节　斗笠式帽子 ……………………………………………092

第六节　僧侣帽式反映的几个问题 ……………………………094

　　一、关于西夏莲花帽的色彩 …………………………094

　　二、从西夏僧人帽式看其社会地位 …………………094

三、西夏僧人戴帽场合 ·· 096

第五章　贵族妇女帽式 ·· 099
　第一节　凤冠 ·· 099
　第二节　四瓣莲蕾形金珠冠 ·· 103
　第三节　桃形冠 ·· 107
　第四节　其他冠饰 ·· 110
　第五节　贵族妇女冠饰反映的几个问题 ·· 110
　　一、回鹘服饰对西夏的影响 ·· 110
　　二、西夏妇女服饰与其身份 ·· 111
　　小　结 ·· 112

第六章　平民帽式 ·· 113
　第一节　毡帽 ·· 113
　第二节　巾帕 ·· 114
　第三节　幞头 ·· 118
　第四节　帷帽 ·· 120
　　小　结 ·· 121

第七章　基本特点和历史渊源 ·· 122
　　一、基本特点 ·· 122
　　二、历史渊源 ·· 125

附录　西夏帽式一览表 ·· 127
　西夏皇帝帽式 ·· 127
　西夏文官帽式 ·· 135
　西夏武职帽式 ·· 150
　西夏僧侣帽式 ·· 158
　西夏贵族妇女帽式 ·· 167
　西夏平民帽式 ·· 174

参考文献 ·· 178

概　述

一、研究现状

1. 概念界定

（1）本文的研究主体是西夏帽式，即古人所讲的首服或头衣。"首服"，是指戴于人头部，用以保暖、遮蔽、装饰之物的总称。因加着于首，故名"首服"。"首服"一词在古代就已出现。《周礼·春官·司服》云："王为三公六卿锡衰，为诸侯缌衰，为大夫士疑衰，其首服皆弁经。"①在中国古代，冠、帽、巾、帻、笠、胄同属首服。②宋代李昉、李穆、徐铉著《太平御览·服章部》中有冠、冕、弁、帽、巾、帻、貂蝉、簪、帢之分。③当今学者中，高春明先生在其《中国服饰》一书中将中国古代首服分为冕、弁、冠、巾、帻、幞头、帽、风帽、抹额、笠、面衣十一类。华夫先生在其《中国古代名物大典》首服部下有冕弁冠、巾帻帽、冠帽饰三大类。贾玺增先生的《中国古代首服研究》综合了古今各家观点，从首服的用途、外观、构成和佩戴四方面作为分类标准，将首服分为冠类、帽类、巾类三大类进行研究。黄金贵先生主编的《古代汉语文化百科词典》中提到的"头衣"就有帽、冠、冕、弁、巾、帻、帩头、幧头、帕头、幞头十种。

（2）鉴于"首服"一词是当代社会中鲜见的专业称谓，因此本文在行文中多用"帽子"这一现代称谓代替西夏首服及头衣之称。西夏文辞书《文海》中收录有"𦆂"字，释为"此者冠也，冠也，戴的之谓。"④在西夏人的概念中，帽同冠，皆是头上所戴之物。实际上，在古代及现代社会，通常将帽与冠的概

---

① ［清］孙诒让著，汪少华整理：《周礼正义·春官》，北京：中华书局，2015年，第1995页。

② 程晓英、贾玺增：《中国古代冠类首服的造型分类与文化内涵》，《纺织学报》2008年第10期，第98页。

③ ［宋］李昉等著：《太平御览》，上海：上海古籍出版社，2008年，第205—237页。

④ 史金波、白滨、黄振华：《文海研究》，北京：中国社会科学出版社，1983年，第461、599页。

念混淆。这里探讨的西夏"帽式"囊括古人常谓之冠、帽、巾、幞头、帻、笠、胄等类。因妇女冠戴多辅以饰品才得以成型，故，妇女头上所戴饰品，如束发的花冠、单一的小花等亦算本文探讨的范围。

2.研究现状

本文兹从以下两个方面对前辈学者的研究加以梳理：

首先，中国古代首服研究现状是西夏帽式研究的重要参考。其次，西夏服饰研究现状是西夏帽式研究的背景和基础。

第一，中国古代帽式研究现状

（一）古籍文献的记载

首服作为古代服饰的重要组成部分，一般收录在古代文献有关服饰的篇目中。较早的文献如《周礼》《礼记》《释名》等，对首服都有提及，但内容很少且较为零散。最集中的记载便是各个朝代的史书，如《汉书》《后汉书》《晋书》《南齐书》《旧唐书》《新唐书》《宋史》《金史》《元史》《明史》《清史》等，其中都有《舆服志》和《车服志》的专门篇章，收录了包括首服在内的服饰名称、类别和礼制规范，有助于了解首服的历史演变。[①]尤其与党项族文化有密切联系的唐、宋以及辽、金、元史书中的服饰记载，为研究西夏帽式提供了重要的史料价值。

此外，历代类书也是研究古代首服名类最直接的材料来源。唐代的《北堂书钞》《艺文类聚》，宋代的《太平御览》《事物纪原》《三礼图》，明代的《永乐大典》《天中记》《三才图会》，清代的《古今图书集成》《格致镜原》等都有首服名类的详细记载和说明。特别是宋代聂崇义的《三礼图》和明代王圻的《三才图会》，不仅收录了宋、明时期的头衣，并配有图文附注，对于首服样式与名称的关系研究具有很高的参考价值。[②]

（二）今人整理及研究

首服是中国古代服饰研究中不可或缺的一部分。周锡保的《中国古代服饰史》[③]，系统阐述了中国古代服饰的形成、特色、制度和演变，其中对中国古代多种首服的概念、形制和源流都有详细考证，尤其是唐、五代到宋的章节关于帽式问题的研究对本书的撰写有极高的参考价值。周汛、高春明主编的《中

① 李姿萱：《中国古代头衣命名研究》，西安外国语大学硕士学位论文，2017年，第1页。
② 李姿萱：《中国古代头衣命名研究》，西安外国语大学硕士学位论文，2017年，第2页。
③ 周锡保：《中国古代服饰史》，北京：中国戏剧出版社，1984年。

国衣冠服饰大辞典》①，其中"冠巾"篇以相当大的篇幅对涉及首服的词语做了详细解释，记录了历代冠巾的名称、款式、礼仪、制度、穿着方式及相关习俗，是研究古代首服不可或缺的参考资料。华夫主编的《中国古代名物大典》②中将首服分为冕弁冠、巾帻帽、冠帽饰三大类，虽分类明晰，但收录数量不及前者。沈从文关于中国古代服饰的研究③，图文并茂，将正史与笔记小说等文字和图像资料相结合，对历代社会不同阶层人物服饰形制和渊源进行详细考证。书中有关唐宋和西夏人物服饰的介绍，为本书提供了尤为可贵的参考资料。黄能馥在《中国服饰通史》中④，对中国历代服饰的艺术发展进行了整理、研究，对历代帽式、首饰、佩饰都有详细讨论。此外，孙机《中国古舆服论丛》⑤、高春明《中国服饰名物考》⑥，杜钰洲、缪良云《中国衣经》⑦等著作中对中国古代汉族和各少数民族首服都有详细论证。

　　除了上述著作外，贾玺增的博士学位论文《中国古代首服研究》⑧主要以生活在中原地区的古代男性首服为研究对象，采取对文献、图像和实物进行综合研究的方式，对古代男性首服的名类、源起、式样、演变、礼制、工艺和文化等分门别类地进行了细致入微地研究，学术价值极高。李姿萱的硕士学位论文《中国古代头衣命名研究》，⑨从语言文字学角度对古代头衣进行了分类整理和系统研究，揭示了中国古代头衣的命名理据及其蕴含的文化内涵，对西夏帽式的研究具有很好的参考价值。

　　第二，西夏帽式研究现状

　　近年来西夏学研究硕果累累，成绩显著，发表的相关论文更是层出不尽，研究领域广泛，其中多部论著涉及西夏服饰。

　　史金波《西夏社会》用专章探讨了西夏服饰制度、不同阶层人物的服制及穿着方法，尤其专节详细讨论了皇帝、皇后、贵族和平民的发式、冠饰问题。⑩

　　① 周汛、高春明：《中国衣冠服饰大辞典》，上海：上海辞书出版社，1996年。
　　② 华夫主编：《中国古代名物大典》，济南：济南出版社，1993年。
　　③ 沈从文：《中国古代服饰研究》，北京：商务印书馆，2011年；沈从文：《中国服饰史》，西安：陕西师范大学出版社，2004年。沈从文：《中国古代服饰研究》，上海：上海书店出版社，2002年。
　　④ 黄能馥：《中国服饰通史》，北京：中国纺织出版社，2007年。
　　⑤ 孙机：《中国古舆服论丛》（增订本），上海：上海古籍出版社，2013年。
　　⑥ 高春明：《中国服饰名物考》，上海：上海文化出版社，2001年。
　　⑦ 杜钰洲、缪良云：《中国衣经》，上海：上海文化出版社，2000年。
　　⑧ 贾玺增：《中国古代首服研究》，东华大学博士学位论文，2006年。
　　⑨ 李姿萱：《中国古代头衣命名研究》，西安外国语大学硕士学位论文，2017年。
　　⑩ 史金波：《西夏社会》，上海：上海人民出版社，2007年，第679—685页。

陈育宁、汤晓芳在《西夏艺术史》①"服饰"一节中，深入探讨了西夏帝王、后妃、文武官员、世俗男女、童子、僧人等各个阶层人物的服饰。阐明西夏服饰的时代特征与民族特征：既折射出多民族服饰元素的交流与融合，又充分体现了西夏服饰内涵丰富的民族特征。

杜建录《西夏经济史》②，根据西夏汉文本《杂字》、西夏文本《杂字》《番汉合时掌中珠》《天盛改旧新定律令》《文海》中记载的服饰资料，总结出"西夏织物衣饰相当丰富，质地多样"，指出"宋夏贸易中，西夏从宋输入的物品，其中有袭衣、金荔支带、罗绮、绢彩、布匹、被褥""仁宗年间谅祚向宋乞买幞头、帽子、红鞓腰带衬等"，这些论证为探讨西夏冠戴的源流问题提供了重要依据。

韩小忙、孙昌盛、陈悦新合著的《西夏美术史》③"服饰"章节中详细介绍了西夏服饰的制度和特点，并分别对西夏男子、妇女、僧侣服饰做了探讨。

俄罗斯西夏学者 A·H·捷连吉耶夫—卡坦斯基著《西夏物质文化》中④，有关西夏服饰的章节里，重点探讨了服饰的制作衣料，男装、女装、童装、头饰、鞋类，宗教人士和皇帝的服饰、饰品、卫生用品和发式。

谢静一系列著述对西夏服饰进行了深入研究，《敦煌石窟中西夏供养人服饰研究》⑤《敦煌石窟中回鹘、西夏供养人服饰辨析》⑥《敦煌石窟中的西夏服饰研究之二——中原汉族服饰对西夏服饰的影响》⑦《西夏服饰研究之三——北方各少数民族对西夏服饰的影响》⑧，考证翔实，揭示了西夏服饰呈现多元化的特点和原因。

孙昌盛《西夏服饰研究》⑨一文介绍了西夏服饰制度、西夏男女服饰特点。通过将西夏服饰与周边各民族服饰作比较，发现西夏服饰在很大程度上已汉化。但是，党项族与契丹、女真、吐蕃同属游牧民族，共同的游牧文化使他们的服饰文化有诸多共性。

---

① 陈育宁、汤晓芳：《西夏艺术史》，上海：上海三联书店，2010年。
② 杜建录：《西夏经济史》，北京：中国社会科学出版社，2002年。
③ 韩小忙、孙昌盛、陈悦新：《西夏美术史》，北京：文物出版社，2001年。
④［俄］A·H·捷连吉耶夫—卡坦斯基著，崔红芬、文志勇译：《西夏物质文化》，北京：民族出版社，2006年。
⑤ 谢静：《敦煌石窟中西夏供养人服饰研究》，《敦煌研究》2007年第3期。
⑥ 谢静、谢生保：《敦煌石窟中回鹘、西夏供养人服饰辨析》，《敦煌研究》2007年第4期。
⑦ 谢静：《敦煌石窟中的西夏服饰研究之二——中原汉族服饰对西夏服饰的影响》，《艺术设计研究》2009年第3期。
⑧ 谢静：《西夏服饰研究之三——北方各少数民族对西夏服饰的影响》，《艺术设计研究》2010年第1期。
⑨ 孙昌盛：《西夏服饰研究》，《民族研究》2001年第6期。

　　徐庄《丰富多彩的西夏服饰（连载之一）》①《丰富多彩的西夏服饰（连载之二）》②《丰富多彩的西夏服饰（连载之三）》③一系列文章介绍了敦煌莫高窟壁画、安西榆林窟壁画和黑水城出土宗教绘画中的西夏供养人形象，结合文献史料，分析得出，西夏服饰既受到中原王朝服饰的影响，也吸收了周边少数民族，特别是回鹘服饰的特点，进而形成了具有自身特色、丰富多彩的西夏服饰。

　　此外，还有曲小萌《榆林窟第29窟西夏武官服饰考》④、石小英《西夏平民服饰浅谈》⑤、李晰《西夏服饰文化的汉化现象——浅析汉文化对西夏服饰美学的影响》⑥、陈霞《西夏服饰审美特征管窥》⑦，尚世东、郑春生《试论西夏官服制度及其对外来文化因素的整合》⑧、张先堂《瓜州东千佛洞第5窟西夏供养人初探》⑨等文章，对西夏服饰的质料、特点、源流等进行了考证。

　　由上观之，中国古代服饰通史关于中原王朝服饰文化的研究系统且深入，是西夏服饰文化研究的背景和基石，而对于党项民族与西夏服饰的研究却较为冷清和薄弱。西夏文献和图像资料及学界关于西夏服饰的研究成果为本书的研究奠定了坚实的材料基础，使我们对西夏服饰的源流、特点等有了基本的认识。但这些主要立足于对袍服装束之类的宏观认识，对西夏首服全面的、专题性的探讨相对薄弱。因此，笔者在诸位前贤研究的基础上试对西夏首服做了较为全面的梳理。

　　3. 西夏服饰史料

　　文献资料：西夏文献《番汉合时掌中珠》、西夏汉文本《杂字》、西夏文《三才杂字》、西夏文千字文《碎金》《圣立义海》《天盛改旧新定律令》，以及黑水城遗址出土的西夏天庆年间汉文典当残契、宋朝文献中也有关于西夏服饰的零散记载。

　　《番汉合时掌中珠》（图1—图3）收录的西夏日用皮毛衣物有龗鬡（枕毡）、䫫䫴（褐衫）、核𦤔（靴）、𧝄𧚱（短靴）、𧝄𧛎（长靴）、亥𧛠（皮裘）、祀𦆊（毡

① 徐庄：《丰富多彩的西夏服饰（连载之一）》，《宁夏画报》1997年第3期。
② 徐庄：《丰富多彩的西夏服饰（连载之二）》，《宁夏画报》1997年第4期。
③ 徐庄：《丰富多彩的西夏服饰（连载之三）》，《宁夏画报》1997年第5期。
④ 曲小萌：《榆林窟第29窟西夏武官服饰考》，《敦煌研究》2011年第3期。
⑤ 石小英：《西夏平民服饰浅谈》，《宁夏社会科学》2007年第3期。
⑥ 李晰：《西夏服饰文化的汉化现象——浅析汉文化对西夏服饰美学的影响》，《作家》2010年第2期。
⑦ 陈霞：《西夏服饰审美特征管窥》，《学理论》2010年11月。
⑧ 尚世东、郑春生：《试论西夏官服制度及其对外来文化因素的整合》，《宁夏社会科学》2000年第3期。
⑨ 张先堂：《瓜州东千佛洞第5窟西夏供养人初探》，《敦煌学辑刊》2011年第4期。

帽)、𦇧𦇥(马毡) 等。除毛、皮制品的服装外，还有𦇧𦇥(袄子)、𦇧𦇥(旋襕)、
𦇧𦇥(袜肚)、𦇧𦇥(汗衫)、𦇧𦇥(布衫)、𦇧𦇥(衬衣)、𦇧𦇥(背心) 等服装。①

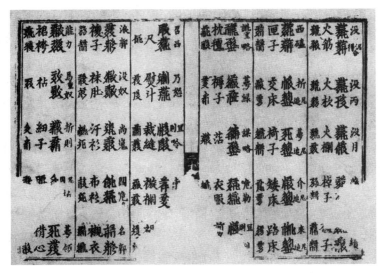

图1　俄藏西夏文献《番汉合时掌中珠》中的服饰名目　图见俄罗斯藏黑水城文献⑩ 第13页

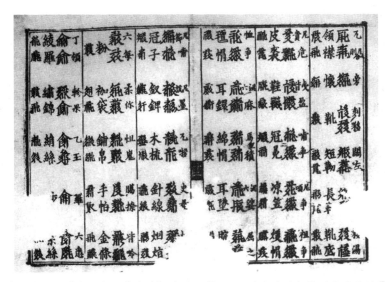

图2　俄藏西夏文献《番汉合时掌中珠》中的服饰名目　图见俄罗斯藏黑水城文献⑩ 第13页

① 俄罗斯科学院东方研究所圣彼得堡分所、中国社会科学院民族研究所、上海古籍出版社编：《俄罗斯
科学院东方研究所圣彼得堡分所藏黑水城文献》⑩，上海：上海古籍出版社，1999年，第13—14页。

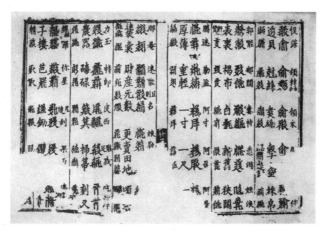

图3　俄藏西夏文献《番汉合时掌中珠》中的服饰名目　图见俄罗斯藏黑水城文献⑩ 第14页

西夏汉文本《杂字》中编号为Дx–2822的文献（图4—图5）关于服饰的记载更为详细，有披袄、公服、旋襕、袄子、衬衣、褙心、褙子、袄心、汗衫、绰绣、毪裤、腰绳、束带、皂衫、手帕、罗衫、禅衣、大袖、袈袋、袈裟、绣裤、绣祐、窄裤、宽裤、披毡、睡袄、褐衫、毪袄、征袍等。[①]有贵族、官员的服饰，有礼法规定的礼服，有反映官员品级的公服，也有一般平民的穿戴，如下人穿的皂衫、专用的睡袄、军队用的征袍、下雨用的披毡、僧人穿的袈裟等。由此可见，居住在西北地区包括党项族在内的西夏人与中原地区的居民一样，其服饰亦丰富多样。

图4　俄藏西夏汉文本《杂字》衣物部和诸工匠部　图见俄罗斯藏黑水城文献⑥ 第138页

[①] 俄罗斯科学院东方研究所圣彼得堡分所、中国社会科学院民族研究所、上海古籍出版社编：《俄罗斯科学院东方研究所圣彼得堡分所藏黑水城文献》⑥，上海：上海古籍出版社，2000年，第138—139页。

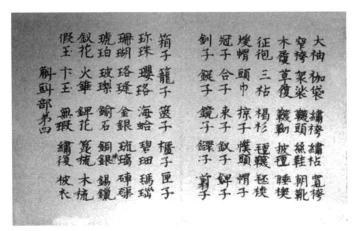

图 5　俄藏西夏汉文本《杂字》衣物部和诸工匠部 图版见俄罗斯藏黑水城文献⑥ 第139页

　　西夏文《三才杂字》中编号为210的刊本(图6) 内容较全，其中关于服饰记载的有"𮹏(绢)"部、"𗼹𗤞(男服)"部、"𗀤𗤞(女服)"部。"男服"项下有𗼹𗡪(衣着)、𗤞𗼹(衣服)、𘐍𗈁(袄子)、𘋪𗫂(汗衫)、𗼅𘑨(皮裘)、𗵒𗤞(礼服)、𘂚𗤛(紧衣)、𘞃𘓐(褐衫)、𘞃𗼍(袍子)、𗂍𗫂(衬衣) 等；"女服"项下有𗼕𗊋(锦袍)、𘔻𘔛(背心)、𘜶𘜍(裙裤)、𗾦𗂹(领襟)、𘊲𘈑(后领) 等，①可见西夏服饰的多样性。

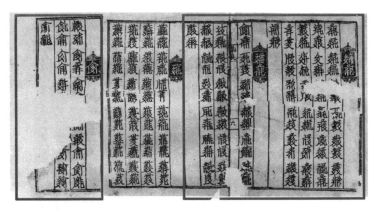

图 6　俄藏西夏文《三才杂字》"绢"部、"男服"部、"女服"部

图版见俄罗斯藏黑水城文献⑩ 第45-46页

---

　　① 俄罗斯科学院东方研究所圣彼得堡分所、中国社会科学院民族研究所、上海古籍出版社编：《俄罗斯科学院东方研究所圣彼得堡分所藏黑水城文献》⑩，上海：上海古籍出版社，1999年，第45—46页。

　　将上述文献中西夏服饰做一简单归类：

　　衣裳：褐衫、旋襕、皮裘、袍子、袄子、公服、锦袍、汗衫、布衫、皂衫、罗衫、衬衣、禅衣、紧衣、睡袄、披衣、披毡、斗蓬、朝服、大袖、背心、袜肚、征袍、铠甲、围裙、宽裤、窄裤、绣裤、短裤、裙裤等。

　　鞋袜：靴、朝靴、长靴、短靴、丝鞋、木履、草履、屐、袜头、袜靴、毡袜等。

　　饰物：耳环、耳坠、钗子、钏子、篦梳、木梳、钗花、钏花、金银、珍珠、璎珞、碧钿，玛瑙、珊瑚、琥珀、玉石、珂贝、串珠、胭脂、粉等。

　　衣料：绫、罗、锦、纱、帛、彩帛、绢丝、绣锦、褐布等。

　　西夏服饰不但形式多种多样，且衣料颜色种类繁多。《文海》中有"緋"（染青草），解释为"染青用也"[1]；"蒁"（染红药），解释为"染红药之谓也"，[2]应是衣服的染料。西夏汉文本《杂字》里专有"颜色部"，其中有绯红、碧绿、淡黄、梅红、柿红、铜青、鹅黄、鸭绿、鸭青、银褐、银泥、大青、大碌、大砂、石青、沙青、粉碧、黑绿、卯色、杏黄、铜绿等20多种。另外还记录了各类颜料，有紫皂、苏木、槐子、橡子、皂矾、荭花、青淀、□蓬、□芭。[3]这些颜色和颜料与中原地区并无二致。多种多样的颜色，使西夏服饰更为绚丽多彩。

　　从上述词汇可以看出，西夏社会原有的传统服饰较少，绝大多数是唐宋以来的汉族服饰，皇帝王妃、文武官员、贵族男女、牧民农夫、僧俗的服饰皆有。服饰面料也种类多样，有各种丝织品、棉织品、毛织品，已不是单一的"衣皮毛"。衣料颜色丰富多彩，每一大色系下又细分各种不同的颜色，如黄色系下有淡黄、鹅黄、杏黄等，青色系下有大青、石青、沙青等。可以说西夏政权建立后，西夏党项族全面效仿了中原汉族服饰的制度、样式和颜色。

　　史金波先生的《西夏社会》将文献中关于西夏男子的冠戴做了专门整理：汉文本《杂字》中有暖帽、巾子、幞头、帽子、掠子、冠子；《番汉合时掌中珠》记有冠帽、凉笠、暖帽、绵帽；西夏文《三才杂字》"男服"项下有冠戴、围巾、朝帽、发冠等词汇。[4]

　　以上记载反映了西夏冠式类型多样，可惜这些冠式仅见于名词记载，并无

　　① 史金波、白滨、黄振华：《文海研究》，北京：中国社会科学出版社，1983年，第561页（杂6.121）。
　　② 史金波、白滨、黄振华：《文海研究》，北京：中国社会科学出版社，1983年，第580页（25.112）。
　　③ 俄罗斯科学院东方研究所圣彼得堡分所、中国社会科学院民族研究所、上海古籍出版社编：《俄罗斯科学院东方研究所圣彼得堡分所藏黑水城文献》⑥，上海：上海古籍出版社，2000年，第144—145页。
　　④ 史金波：《西夏社会》，上海：上海人民出版社，2007年，第684页。

任何注解。另有一些散料记载了西夏服饰状况。

西夏文千字文《碎金》记载：□□□□□（绫罗锦匹缎），□□□□□（召公裁画缝）。□□□□□（袄子窄短合），□□□□□（裙裤长宽宜）。□□□□□（肚兜围胸肋），□□□□□（鞋袜套脚胫）。□□□□□（御寒穿裘皮），□□□□□（遮雨毯褐衫）。□□□□□（棉麻线袋细），□□□□□（毛毡褐囊粗）。

黑水城遗址出土的西夏天庆年间汉文典当残契中有当地党项人以生活用品换取粮食的记载。他们所用抵押品主要是皮毛衣物，如旧皮裘、新皮裘、次皮裘、袄子裘、毛毯、白帐毡、苦皮等。①

西夏乾祐年间刻印的《圣立义海》第八卷记载的是西夏服饰，其目录内容为：□□，□□□、□□□□、□□□□、□□□□、□□□□、□□□□②、□□③、□□④、□□。汉译为"第八卷：皇太后礼服、皇帝礼服、皇后礼服、太子礼服、嫔妃礼服、官宰礼服、朝服、公服、常服"。⑤政府从制度上明确了各类人员，特别是统治阶层服饰的区别及规定，并载于官修典籍，这说明西夏政府对服饰制度的重视。可惜此卷的正文已经残失。尽管遗失的正文中关于服饰的具体名词和形式难以尽知，但可推知内容相当丰富。

西夏政权建立百余年后，针对社会上出现的服饰等级混乱的状况，在《天盛改旧新定律令》中对服饰又做了关于处罚的补充规定，如果僧俗男女"穿戴鸟足黄（石黄）、鸟足赤（石红）、杏黄、绣花饰金、有日月，及原已纺织中有一色花身，有日月，及杂色等上有一团身龙，官民女人冠子上插以真金之凤凰、龙样"等，一律处以二年有期徒刑。⑥

宋代文献中有关于西夏使臣服饰的记载，西夏大使、副使"皆金冠短小样

---

① 文书见俄罗斯科学院东方研究所圣彼得堡分所、中国社会科学院民族研究所、上海古籍出版社编：《俄罗斯科学院东方研究所圣彼得堡分所藏黑水城文献》②，上海：上海古籍出版社，1996年，第37—38页，俄TK49P。

② "□□"，《大宝积经》《经律异相》均译为"法衣"。"法衣"，专指僧尼、道士所穿的礼服。联系《圣立义海》所载"法衣"一词的前后内容来看，这里的"法衣"显然指的是在重大礼仪场合中，皇室成员及高级官员穿戴的衣冠服饰，从《圣立义海》残存的服饰名称可知，西夏受宋代礼仪制度的影响，且西夏法礼一体，所以这里"法"和"礼"的意思是互通的，"法衣"译为"礼服"更为恰当且易于理解。即《圣立义海》卷八目录条关于服饰的内容应译为"皇太后礼服，皇帝礼服，皇后礼服，太子礼服，嫔妃礼服，官宰礼服"。

③ "□□"，《天盛律令》中译为"朝服"。

④ "□□"，《十二国》中对"玄衣"。

⑤ 《圣立义海》卷八目录内容中关于"礼服""公服"的翻译问题，幸得贾常业先生指点，在此向先生表示感谢。

⑥ 史金波、聂鸿音、白滨译注：《天盛改旧新定律令》，北京：法律出版社，2000年，第282页。

制，服绯窄袍，金蹀躞，吊敦皆叉手展拜"①。西夏帝王和官员服饰具有戴金
冠、衣着瘦窄的特点，与宋朝的宽袍大袖形成鲜明对比，与元昊称帝后向宋朝
所上表章中说的"制小蕃文字，改大汉衣冠"相符。

　　虽然关于西夏服饰的文献记载甚略，但保留下来的各类图像资料弥补了这
一缺憾。

　　图像资料：俄罗斯国立艾尔米塔什博物馆等编译的俄藏黑水城艺术品Ⅰ和
俄藏黑水城艺术品Ⅱ②，收录了大量宗教和世俗人物画像，俄罗斯科学院东方
研究所圣彼得堡分所藏黑水城文献③和《中国藏西夏文献》④佛经插图版画中也
有不少人物形象，这些图像资料为西夏帽式的研究提供了丰富而确凿可信的证
据，可从中进一步了解西夏服饰的形制与特色。

　　雕塑资料：此外，诸如莫高窟、榆林窟等石窟中的壁画、石雕、彩塑等各
种人物造像，也是研究西夏服饰最丰富、最珍贵的形象资料。

　　以上关于西夏服饰的文献资料和艺术品资料相当丰富。这些文献资料反映
出的信息对研究西夏帽式具有珍贵的参考价值，为学术研究提供了坚实可靠的
实物资料。

二、研究意义

　　古人认为，首代表人的尊严，是人最重要、最醒目的部位，即"首对身，
首为尊。"⑤故此，首服在中国古代礼制服饰建设中具有重要地位。《礼记·冠
义》云："冠者，礼之始也。是故，古者圣王重冠。"⑥强调"敬冠事所以重
礼，重礼所以为国本也。"⑦王充《论衡》也称："在身之物，莫大于冠"⑧。在
中国古代服饰制度中，首服是等级区分的主要标志之一。自秦汉以来，历代的

---

　　① [宋] 孟元老：《东京梦华录》卷六，北京：中华书局，1982年，第159页。
　　② 俄罗斯国立艾尔米塔什博物馆、西北民族大学、上海古籍出版社编：《俄罗斯国立艾尔米塔什博物馆
藏黑水城艺术品》Ⅰ，上海：上海古籍出版社，2008年；俄罗斯国立艾尔米塔什博物馆、西北民族大学、
上海古籍出版社：《俄罗斯国立艾尔米塔什博物馆藏黑水城艺术品》Ⅱ，上海：上海古籍出版社，2012
年。
　　③ 俄罗斯科学院东方研究所圣彼得堡分所、中国社会科学院民族研究所、上海古籍出版社编：《俄罗斯
科学院东方研究所圣彼得堡分所藏黑水城文献》第一至四册，上海：上海古籍出版社，1996年—1997年。
　　④ 宁夏大学西夏学研究中心、中国国家图书馆、甘肃五凉古籍整理研究中心编：《中国藏西夏文献》第
五、第十二、第十六册，兰州：甘肃人民出版社、敦煌文艺出版社，2005年。
　　⑤ [清] 阮元校刻：《十三经注疏》，北京：中华书局，2009年，第2516页。
　　⑥ [清] 孙希旦撰，沈啸寰、王星贤点校：《礼记集解》，北京：中华书局，1989年，第1411页。
　　⑦ [清] 孙希旦撰，沈啸寰、王星贤点校：《礼记集解》，北京：中华书局，1989年，第1412页。
　　⑧ [汉] 王充：《论衡》卷二十四《讥日篇》，上海：上海古籍出版社，第1990年。

礼仪典制对首服均作出具体的规定，它的使用不仅和"官爵等第密切相关"，且"冠则尊卑所用互异"[①]。人们可以通过戴冠清楚地辨识其社会身份，戴不属于自己等级身份的冠无疑是严重违反礼规的行为。[②]

西夏是党项族建立的少数民族政权，创造了灿烂多彩的民族文化，其服饰文化就是一重要体现。近年来，随着西夏文物考古的不断发展，反映西夏服饰的形象资料逐渐丰富，诸多学者各从不同角度和层面对其进行了整理和研究，并取得了一定的成果。但对西夏首服的研究仍存在一些未涉足或深入研究的领域，有待进一步讨论。西夏首服作为西夏服饰文化的重要组成部分，对丰富和补充中国古代首服研究和西夏服饰研究的内容，反映和揭示西夏多民族社会生活的等级性与多样性具有重要意义。西夏首服研究是对西夏服饰文化的开发、应用性研究，有助于西夏服饰的复原和文化的传承。

三、研究内容

主要分为四大部分：

第一部分：概述。界定关于"首服"的研究范围。介绍中国古代服饰和西夏服饰的研究现状及相关史料，指出中国古代首服的功能，以及对西夏首服进行专门系统研究的重要意义。

第二部分：研究主体。西夏艺术素材散藏各地，笔者收集整合国内外洞窟遗址，馆藏的绘画、雕塑等各类艺术品，结合宋史、辽史、西夏文献中关于西夏服饰的记载，分别对西夏皇帝、文官、武职、僧侣、贵族妇女以及平民的帽式进行系统考述；对其巾、冠、帽及头上佩饰的形制、质地、色彩、源流等进行详细讨论。通过对西夏社会不同阶层人物帽式的研究分析指出，因阶级的不同和民族的多样性，决定了西夏冠戴形制、色彩、源流呈多元化的特点。

第三部分：结论。对西夏帽式的特点和历史渊源进行归纳分析。指出西夏帽子来源的多元化，既有本民族特色的镂冠、黑漆冠和毡冠等，又有中原汉族的幞头、东坡巾、通天冠，还有藏传佛教的莲花帽、黑帽和回鹘的锥形尖顶高冠、桃形冠饰，可谓形制多样，风格迥异。西夏文化兼容并蓄，历代统治者对待外来文化都有着包容、学习的精神，使党项游牧民族由原本简洁、质朴的衣冠服饰风格逐渐变得华丽且注重装饰性。

第四部分：西夏帽式一览表。将各类艺术品资料中所见的西夏皇帝、文

① [清] 孙诒让著，汪少华整理：《周礼正义》，北京：中华书局，2015年，第2005页。
② 贾玺增：《中国古代首服研究》，东华大学博士学位论文，2006年，第1—2页。

官、武职、僧侣、贵族妇女和平民阶层的帽式图像分列图表中。表格内容涵括了所见帽式的原图及其原始出处，在原图的基础上裁剪人物帽子的局部特写图，并依据局部图绘制线描图200余幅①，这样做的目的在于为学术界提供一份直观、清晰的研究资料。

　　此外，在图像材料选择过程中需要说明的是，本书系统地列举了目前已知的几乎所有关于西夏帽式的图像资料。对于大部分在学界中研究观点一致的图像，文中将不再做过多注解；而对个别艺术品中人物身份及属族问题还存在争议的图像，行文中将给出相应的注释。

---

　①附录中绝大多数线描图为笔者所绘,对于个别引用他人的线描图,则在图版来源中标出了明确出处。

第一章　皇帝帽式

史载，西夏景宗显道二年（1033年），元昊"始衣白窄衫，毡冠红里，顶冠后垂红结绶"①。可惜目前尚未见到关于这种毡帽的图像资料，其具体形制不得而知。图像所见西夏皇帝帽式主要有镂冠、锥形高冠、东坡巾和通天冠。

第一节　镂冠

图1-1-1　《西夏译经图》

1033年，元昊建立衣冠制度，规定：武职"……冠金帖起云镂冠、银帖间金镂冠、黑漆冠……"。②"镂"，即雕刻镂空之意。镂空是一种雕刻艺术，指在物体上雕刻出穿透物体的花纹或文字。物体的外部是一个完整的图案，而里面是空的或者镶嵌有小的镂空物件。

虽无文献明确记载西夏皇帝也戴镂冠，但从西夏文版画《西夏译经图》（图1-1）和俄藏《梁皇宝忏图》（图1-2）③中可见，西夏皇帝所戴可能是镂冠，冠身有镂空纹饰，且似有镶嵌物件。

①［宋］李焘撰：《续资治通鉴长编》，北京：中华书局，2004年，第2704页。原始出处为《太平治迹类统》卷七："始衣白窄衫，毡冠红裹顶，冠后垂红结绶。"
②［元］脱脱等撰：《宋史·夏国传》上，北京：中华书局，1985年，第13993页。
③图见俄罗斯科学院东方文献研究所、中国社会科学院民族学与人类学研究所、上海古籍出版社编：《俄罗斯科学院东方文献研究所藏黑水城文献》㉕，上海：上海古籍出版社，2016年，彩图版五，经卷编号Инв.No.4288。

图 1-1-2 《西夏译经图》皇帝帽
式线描图（曾发茂、曾凯绘）

图 1-2 俄藏《梁皇宝忏图》皇帝
帽式线描图（笔者绘）

《西夏译经图》是西夏文《现在贤劫千佛名经》的卷首版画。史金波先生在《西夏译经图解》一文中，考证确定了画面前排两身坐姿人物为西夏第三代皇帝李秉常及其母梁氏皇太后。①这幅图为我们考证西夏皇帝、皇太后及官员的服饰提供了有力证据。李秉常身着交领宽袖长袍，腰垂绶带并缀璎珞，表现为中原服饰特征，但所戴之冠形制特殊，呈宝塔状，尖顶，冠身刻有云纹或几何形图案。从图像观察，此冠应为硬质材料，镂空装饰，可能是西夏文献中记载的"金镂冠"，与后排八位助译官员冠式形制相同，也与俄藏《梁皇宝忏图》中皇帝所戴冠式相似。

《梁皇宝忏图》描绘的是笃信佛教的梁武帝请禅师与高僧为其已故的皇后郗氏超度的故事。西夏所见《梁皇宝忏图》有两种版本，一种是中国国家图书馆藏西夏文《慈悲道场忏罪法》经首版画《梁皇宝忏图》，上有西夏文榜题，汉译"郗氏变蛇身处"等字。②画面主体人物是戴中原通天冠的皇帝、裹巾子讲法的高僧，站立于大殿中央，戴直脚幞头和展脚幞头、手持笏板的文官。人物着装完全是中原风格。另一种版本是俄罗斯国立艾尔米塔什博物馆藏的《梁皇宝忏图》。据相关研究可知，这幅俄藏《梁皇宝忏图》中刻画的主要人物着装为西夏特色民族服饰。③俄藏《梁皇宝忏图》中皇帝和官员的冠戴与中国国家图书馆藏版本截然不同。皇帝头戴柱形镂空形冠，双手合十，虔诚听法或与高僧交谈。皇帝身边的男侍从秃发。殿中站立的男子着西夏武官服装，头戴尖

---

① 史金波：《西夏译经图解》，《文献》1979年第1期，第215—229页。
② 陈育宁、汤晓芳：《西夏艺术史》，上海：上海三联书店，2010年，第162页。
③ 陈育宁、汤晓芳：《西夏艺术史》，上海：上海三联书店，2010年，第162页。

顶镂冠，这种冠式与上述《西夏译经图》中皇帝和官员的镂冠形制相似。

《西夏译经图》和俄藏《梁皇宝忏图》中皇帝所戴同为镂冠，但略有区别。一是冠式形制不尽相同。前者形似宝塔，尖顶，似有饰物；后者呈柱状，似倒梯形，冠沿略窄于冠顶。二是冠身镂空纹饰不同。前者冠身镂刻有菱形纹饰，每一组由三至四个依小到大的菱形图案叠次嵌套而成，由于图像不是很清晰，最中心的形状可能是一个完全镂空的小菱形，也或许是镶嵌一颗宝石。作为帝王的冠冕，装饰珠宝也是情理之中的。后者冠身主要镂刻云纹，冠顶边沿一圈镂空似植物纹状，冠的正前方有一饰样颇为奇特，似骷髅头，也或许是一颗大宝石，因图像不清，不好断定。骷髅头在佛教中常作为金刚、明王、护法神的头饰和项链，象征着生命的短暂和直面死亡与恶魔的勇气。①西夏崇信佛教，宝塔形镂冠和骷髅头饰品，这些元素可能都是从佛教典籍中取材。

上述两图中西夏皇帝所戴的冠帽形制与西夏武官冠式大同小异，西夏武官戴镂冠与文献记载相吻合，故此推测，《西夏译经图》和俄藏《梁皇宝忏图》中西夏皇帝所戴冠式就是西夏法典规定的武职所戴之“镂冠”，只不过在金属贵重程度或者纹饰上有所区别。帝王和高级武官戴金质，职位低者戴银质；或帝王冠戴镶嵌宝贵饰物，官员则无饰物。

研究证明，西夏文化、艺术、服饰皆受到周边民族的深刻影响，但是镂冠则为西夏本民族所创。西夏乃尚武之国，西夏皇帝，尤其是前期的几位统治者皆推行“尚武重法”的国策。因此，西夏最高统治者在译经、听法等重要场合戴镂冠，是党项民族服饰特色的一种体现，也说明这种冠式是西夏帝王在正式场合所佩戴的首服。

第二节　锥形高冠

莫高窟第409窟东壁门南侧绘西夏皇帝供养像（图1-3），北侧绘二后妃供养像。关于此窟供养像中帝后的身份问题学术界还存有争议，有学者认为是回鹘王及王妃供养像，史金波先生则专门著文对此问题进行了详细考证，他认为莫高窟第409窟东壁门南侧所绘是西夏皇帝供养像。皇帝身穿黑底、绣有金色（或白色）团龙图案的圆领窄袖袍服，腰束带，手持长柄香炉，戴白色尖顶毡

---

① 杨茉：《骷髅的嬗变》，中央美术学院硕士学位论文，2013年，第31页。

图1-3　莫高窟第409窟西夏皇帝供养像及其帽式线描图（笔者绘）

帽 ①。之所以推测是戴白色毡冠，依据是：首先，西夏有"尚白"之俗。②西夏自称为"大白高国""白上国"，故此，西夏皇帝衣冠服饰也喜用白色。第二，西夏是游牧民族，早期党项族服饰不可能脱离游牧民族"衣皮毛"的固有特性。西夏文献《番汉合时掌中珠》、西夏汉文本《杂字》、西夏文《三才杂字》记载有皮裘、披毡等词语。《隋书·党项传》载："党项人服裘褐、披毡，以为上饰。"③说明他们一般戴毡帽，穿毛制衣物或皮衣，着皮靴。元昊曾云："衣皮毛，事畜牧，蕃性所便。"④元昊建立西夏政权后，设计制定了具有本民族特色的衣冠制度，他自己"始衣白窄衫，毡冠红里，顶冠后垂红结绶。"⑤从这些记载反映出，在西夏建立政权之初，受汉文化影响较弱的情况下，西夏臣民日常生活中戴毡帽较为普遍。与皇帝相对应的，后妃身着翻领大襦，线描衣褶为重复着色的铁线描，表现袍服质地的厚重，显然是冬季服装，据此亦可推测，皇帝所戴应为毡冠。

　　然而，皇帝所戴这种锥形尖顶式样的毡冠则是因袭了回鹘冠式。在榆林窟第39窟壁画中也见到同样形制的帽子，此窟前室甬道南壁东侧和西侧的回鹘供养人（图1-4）也头戴锥形尖顶高冠，着圆领窄袖团花锦袍，腰束帛带及蹀躞

① 史金波：《西夏皇室和敦煌莫高窟刍议》，《西夏学》第四辑，银川：宁夏人民出版社，2009年。
② 关于西夏自称"白上国"及其尚白之俗，见吴天墀：《西夏称"邦泥定"即"白上国"新解》，《宁夏大学学报》（社会科学版），1983年第3期，第66—68页。
③ ［唐］魏征等撰：《隋书》，北京：中华书局，1973年，第1845页。
④ ［元］脱脱等撰：《宋史·夏国传》上，北京：中华书局，1985年，第13993页。
⑤ ［宋］李焘撰：《续资治通鉴长编》，北京：中华书局，2004年，第2704页。

图1-4　榆林窟第39窟前室甬道南壁东侧回鹘供养人像

带，与莫高窟第409窟男供养人着装相似，故而导致学界对第409窟人物的族属问题有争议。实际从图像上能观察到两者有许多不同之处：

第一，环境背景不同。第409窟男供养像后有侍从持御用华盖、翠扇等物，这是皇帝才能有的仪仗。西夏法典《天盛改旧新定律令》规定："官家（皇帝）来至奏殿上，执伞者当依时执伞，细心为之。"[①]后者则无任何背景。

第二，衣着纹饰不同。第409窟供养人服饰上有团龙图案，后者饰团花图案。龙纹作为服饰纹样，已有几千年的历史。中华民族有关皇帝的一套服饰礼仪大致已经有了一个固定的形象模式，即所谓皇帝衣装，必是龙袍。[②]

第三，帽子高度不同。两窟供养人虽均戴尖顶毡帽，但第409窟供养人的帽子比第39窟人物更高。

第四，人物形象不同。第409窟供养人形象高大，神态气宇轩昂。后者构图较小。封建社会的尊卑思想与人物画造型的表现形式是同步的。艺术家经常以躯体高低大小来区别人物尊卑。位尊者必然表现得形象高大，位卑者则反之。第409窟主尊与其身后侍从的形象亦形成鲜明的对比。

上述不同之处都刻意显示出皇帝与普通供养人的等级差别。可以确信的是，西夏皇帝所戴尖顶高冠受到回鹘冠式的深刻影响。回鹘是一个文化底蕴较为深厚的民族，既具有西域文化特色，又受到唐王朝汉文化的影响。回鹘对西夏的影响主要体现在宗教和服饰文化方面。服饰方面的影响主要表现在男女的发式、冠饰。回鹘高髻、桃形冠对西夏妇女冠饰亦产生了深刻影响。

---

① 史金波、聂鸿音、白滨译注：《天盛改旧新定律令》，北京：法律出版社，2000年，第430页。
② 江冰：《中华服饰文化》，广州：广东人民出版社，2009年，第34页。

第三节　东坡巾

东坡巾脱胎于唐末五代的高装巾子，是宋明时期士大夫阶层盛行的一种帽式。其基本特点是内外两层、内筒高外檐短，脱戴方便。通过存世的绘画和雕塑等形像资料显示，西夏皇帝也佩戴中原流行的东坡巾，且花样纹饰有所创新，颇为精致。

宋明时期，巾帽在文人士大夫中流行。当时巾、帽亦混淆不清，界线未十分明确，样式很多，如温公帽、东坡帽、伊川帽等宋代名士创制的帽。宋赵彦卫《云麓漫钞》卷四云："宣政间，人君始巾。在元祐间，独司马温公、伊川先生以屏弱恶风，始裁皂灿包首，当时只谓之温公帽、伊川帽，亦未有巾之名。"[①]就文献记载来看，宋代不仅帽的式样和名目十分繁多，而且用途也较多，可以保暖、防雨、挡风、遮目等。那么"东坡巾"的名称缘何而起？具体形制和特点又是如何？

一、东坡巾源起

"东坡巾"又被称为"东坡帽""高筒（桶）帽""乌角巾""子瞻样"。"东坡帽"是宋代以后民间一种俗文化的称呼，"东坡巾""东坡帽"二者实指一物。文献中有不少关于东坡巾的记载。宋李廌《师友谈记》："士大夫近年效东坡桶高檐短，名帽曰'子瞻样'"[②]。《苏轼诗集》有"父老争看乌角巾"[③]的句子，"乌角巾"即东坡巾。胡仔《苕溪渔隐丛话》引《王直方诗话》："元祐之初，士大夫效东坡顶短檐高桶帽，谓之'子瞻样'。"[④]清代翟灏《通俗编》："东坡居士集：'父老争看乌角巾'，……后人取此诗意写东坡像，因有'东坡巾'之称。"[⑤]明代士大夫仍喜戴之。明沈德符《万历野获编》："古来用物，至今犹系其人者，……帻之四面垫角者，名东坡巾。"[⑥]明杨基《眉庵集·赠许白云》诗："麻衣纸扇跂两屐，头戴一幅东坡巾。"[⑦]

---

①［宋］赵彦卫撰：《云麓漫钞》，北京：中华书局，1996年，第63页。
②［宋］李廌撰，孔凡礼点校：《师友谈记·东坡帽》，北京：中华书局，2002年，第12页。
③［宋］苏轼撰，［清］王文诰辑注，孔凡礼点校：《苏轼诗集》，北京：中华书局，1982年，第2328页。
④［宋］胡仔：《苕溪渔隐丛话·前集》卷四十，北京：商务印书馆，1937年，第270页。
⑤［清］翟灏撰，颜春峰点校：《通俗编》，北京：中华书局，2013年，第350页。
⑥［明］沈德符撰：《万历野获编》卷二十六，北京：中华书局，1959年，第663页。
⑦［清］钱谦益撰集，许逸民、林淑敏点校：《列朝诗集·杨按察基·赠许白云》，北京：中华书局，2007年，第1196页。

图1-5　宋《睢阳五老图》及其帽式线描图
（左起冯平、王涣、朱贯、毕世长、杜衍）

图1-6　苏轼立像

"东坡巾"在宋朝画家的作品中很常见。北宋仁宗朝有五位致仕后归老睢阳（今商丘）的重臣冯平、杜衍、朱贯、毕世长、王涣。五人都德、才、寿兼备，结成"五老会"，赋诗论文，优游宴乐，当地画家绘成"睢阳五老图"（图1-5）。①五老所戴巾子和"东坡巾"形制相同：造型方正，有四墙，并且墙外有墙，角较锐利，以乌纱为之。《睢阳五老图》现分别藏于美国三家博物馆：华盛顿弗利尔美术馆藏王涣、冯平像；耶鲁大学博物馆藏朱贯、杜衍像；纽约大都会艺术博物馆藏毕世长像。②

由元代画家赵孟頫所画"苏轼立像"（图1-6）③和宋人绘《村童闹学图》④中着长衫子、伏案打盹的村学先生都是头戴此种便帽。

宋代《会昌九老图》（图1-7）⑤中巾子式样即"东坡

① 图见励俊：《漫谈〈睢阳五老图〉》，《东方早报》2012年6月4日第T10版。
② 王连起：《宋人〈唯阳五老图〉考》，《故宫博物院院刊》2003年第1期，第7—21页。
③ 原图见沈从文：《中国服饰史》，西安：陕西师范大学出版社，2004年，第109页。
④ 图见沈从文：《中国古代服饰研究》，上海：上海书店出版社，2002年，第431页。
⑤ 图见沈从文：《中国古代服饰研究》，上海：上海书店出版社，2002年，第459页。

巾"。其他传世画迹，如宋代李公麟《西园雅集图》（图1-8）、宋代郑奂《文潞公耆英会图》（图1-9）等均有反映。

图1-7 宋代《会昌九老图》

图1-8 宋代《西园雅集图》（局部）

图1-9-1 宋代《文潞公耆英会图》（局部）

图1-9-2 《文潞公耆英会图》中文人帽式线描图（局部 笔者绘）

宋代遗老的代表性服饰为合领（交领）大袖的宽身袍衫、东坡巾。袍用深色材料缘边，以存古风。东坡巾为筒状高巾子，相传为大文学家苏东坡创制，实为古代幅巾的复兴,明代的老年士绅还常戴用。①此种高装巾子又或朱熹所谓"高士巾",为野老之服,而与东坡巾相似的高装巾子最早出现于五代。顾闳中《韩熙载夜宴图》(图1-10)中所画主角戴高装巾、穿交领便服、练鞋。②传世五代的《卓歇图》(图1-11)、《胡笳十八拍》中蔡文姬等女子头上巾裹和东坡巾相近。③

图1-10　五代《韩熙载夜宴图》高装巾式样(局部)　　　图1-11　五代《卓歇图》中坐姿人物着高巾样式(局部)

五代南唐周文矩所绘《重屏会棋图》(图1-12)中④戴幞头,穿练鞋、交领便服的人物和着"轻纱特种巾子"、交领便服南唐中主李璟。这种"轻纱特种巾子"的形制和东坡巾也相近。

图1-12　五代南唐《重屏会棋图》线描图

① 沈从文:《中国服饰史》,西安:陕西师范大学出版社,2004年,第109页。
② 图见高春明:《中国服饰名物考》,上海:上海文化出版社,2001年,第263页。
③ 沈从文:《中国古代服饰研究》,北京:商务印书馆,2011年,第533页。
④ 图见沈从文:《中国古代服饰研究》,上海:上海书店出版社,2002年,第393页。

　　《韩熙载夜宴图》中韩熙载头发上束，所戴高筒帽呈梯形直筒型，顶略窄于底，筒为单筒，帽筒较高，帽子后面上沿下垂一黑色丝带，《卓歇图》中有一位着相同首服的休闲文人，所戴帽子后面上沿也下垂一黑色丝带，只是《卓歇图》中帽子的高度不及《韩熙载夜宴图》中的高筒帽，且不是圆直筒型。从《重屏会棋图》线描图中可清晰地看到，此"轻纱特种巾子"的形制颇似东坡巾，但比东坡巾形制略加复杂，有内、中、外三层，且三层高度均不同，从外到内逐层增高；而东坡巾仅有内外两层，两层高度也不同，外层高度约在内层的三分之二处。

　　上述各图均反映的是唐五代时期文人的休闲帽式，可见便服首服款式基本同"东坡巾"，通过对比各图可得出结论：东坡巾是在综合参照了此前时代各种休闲文人巾子的基础上，取其优点改造而成。具体是：弃《韩熙载夜宴图》沉重型单层高筒为低矮型双筒，去《重屏会棋图》繁杂三层为内外两层，但仍以乌纱为主要材质，制成筒高沿短、脱戴方便、轻巧美观的"子瞻样"。

　　综上所述，"东坡巾"雏形在唐末五代已形成。但尚未被命名为"东坡巾"，只是因苏东坡喜好而稍加改制，后人为了表达对苏东坡的尊崇所起的名称而已。这也印证了沈从文先生的观点，即东坡巾是在《韩熙载夜宴图》之类高装巾子的基础上略加改进而成的。

　　对于东坡巾的形制，戴争在《中国古代服饰简史》中指出："宋代的巾式有许多是以士大夫或名人的名字命名的，'东坡巾'就是以宋代的文学家、词人，唐宋八大家之一苏东坡的名字命名的巾式，又曰'乌角巾'。造型方正，有四墙。并且墙外有墙，角较锐利，外墙高度只占内墙的三分之二。东坡巾在宋代文人，士大夫中尤受喜尚。以后巾屋又有加高，并有纹样装饰。苏州市博物馆藏明代李士达所作《西园雅集图》中的苏东坡就戴东坡帽。"[①]

　　宋代的高头巾上多有檐，檐也叫墙，是从帽口外部向上折起的边缘，如宋王得臣《麈史》卷上所记就有尖檐、方檐、短檐等多种形制。[②]元洪希文《续轩渠集》的《椰子冠》中记："团团椰子实，解剥付冠师。体制羞龟壳，文章笑鹿皮。色赪犹带酒，腹小尚能诗。欲着东坡帽，檐低不入时。"[③]宋李廌《师友谈记》中记："士大夫近年效东坡桶高檐短，名帽曰'子瞻样'"[④]。

　　① 戴争：《中国古代服饰简史》，北京：轻工业出版社，1988年，第153页。
　　② ［宋］王得臣：《麈史》，上海：上海古籍出版社，1986年，第9页。
　　③ 杨镰主编：《全元诗·洪希文》，北京：中华书局，2013年，第151页。
　　④ ［宋］李廌撰，孔凡礼点校：《师友谈记·东坡帽》，北京：中华书局，2002年，第12页。

由以上图文可知，宋代的东坡巾主要是在社会中上层间较为流行的一种帽式。其形制细节应是"墙外有墙"，外墙较内墙为低。内墙外墙各为一大片，然后按上大下小折成四面，其中内墙折好后边缘缝合在前，外墙较内墙为短（横向），两头边缘处正好在眼眉上，再将内墙、外墙底部缝合在一起。内墙上缝合相同布料的顶。在后部的内墙外（外墙里）两侧再缝合两条飘带（质地和整体的用料不同，一般采用轻型布料），长短要翻过外墙后再垂到东坡巾的底部左右为好。东坡巾的主要特点是内胆为桶，桶为高桶，外檐比内桶短，形制如图1-13所示。①

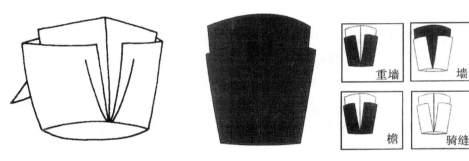

图1-13　东坡巾形制图示

二、西夏皇帝东坡巾

表现西夏帝王戴东坡巾的图像有三幅：一是《皇帝和皇子》，二是《西夏皇帝及其随员像》，三是《水月观音菩萨》。

《皇帝和皇子》（图1-14）②又被称为《官员和侍从》。画面中坐姿人物形象高大，其便服为：首服为绣花东坡帽，帽筒顶部、冠前和翻边边缘绣金黄色图案；身穿圆领窄袖团龙绣袍，内着衬衣露出底领，脚穿黑色便鞋，腰间束带，带上绘有花纹。③其身后的站姿人物着团花袍服。《天盛律令》规定：绣花饰金、日月、团龙图案是皇帝和皇族人物服饰的专属纹样。"节亲主、诸大小官员、僧人、道士等一律敕禁男女穿戴鸟足黄（石黄）、鸟足赤（石红）、杏黄

---

① 图见贾玺增：《中国古代首服研究》，东华大学博士学位论文，2006年，第37页。
② 图见俄罗斯国立艾尔米塔什博物馆、西北民族大学、上海古籍出版社编：《俄罗斯国立艾尔米塔什博物馆藏黑水城艺术品》Ⅱ，上海：上海古籍出版社，2012年，图版232，编号X.2531。
③ 陈育宁、汤晓芳：《西夏艺术史》，上海：上海三联书店，2010年，第273页。

（杏黄）、绣花、饰金、有
日月，及原已纺织中有一
色花身，有日月，及杂色
等上有一团身龙（团身
龙）①，官民女人冠子上
插以真金之凤凰龙样一齐
使用。倘若违律时，徒二
年。"②因此，可以确定的
是，画面人物应是西夏皇
帝和皇子。对于皇帝所戴
帽式，陈育宁、汤晓芳认
为是"东坡巾"，笔者也
赞同此观点。与上文所述

图1-14 　《皇帝和皇子》中皇帝帽式线描图（笔者绘）

诸例东坡巾相比，该画作中皇帝帽子是"内外两层、内筒高外檐短"，与宋代
东坡巾主体形制大致相似，只是在高度及翻边帽檐的宽度、高、低形状和修饰
上略有变化，作为皇帝的首服，装饰性更强些。帽筒顶部、冠前和翻边边缘均
绣饰金色植物图案，帽身两鬓处绘有团花——莲花图案，形制大气，绣饰精
美；身穿圆领窄袖团龙绣袍，脚穿黑色便鞋，腰间束带，带上绘有莲花纹样。
莲花为佛教圣物，在西夏诗歌中被多处提及，俄藏黑水城出土文献编号ИHB·
NO·121V的《宫廷诗集》第10首《𗣫𗏽𗗙𘘦𘊲》（《护国寺歌》）第18句
"𗰖𘙮𗼩𘘦𘘦𗗙𘈧𗣓𘂧（院内相合聚集莲花池）"，第27句"𗟻𗫀𘕕𘕌𗨳𘉋𘈾𘄢𗣓𗍳
𗣓𗥔（九天下，梵王圣君持莲花）"。西夏的皇家园林内有大量种植荷花。③佛
教中有"莲经""莲座""莲台"等。莲花被崇为君子，有着出淤泥而不染的高
贵品质。西夏皇帝着团龙服装，戴绣饰莲花图案的帽子，首先反映出，中原汉
文化对西夏影响极为深刻，上至国家典章制度，下至精神文化的浸润。其次，
西夏崇尚佛教，冠帽绣莲花纹饰也反映出西夏统治者对佛教虔诚的信仰。其
三，西夏皇帝追求莲神圣和太阳的象征，寓意自己为万物之主宰，体现至高无
上的权利和地位。另外，皇帝面前有珊瑚、犀角、金铤、银铤、摩尼宝珠等象
征财富的杂宝；右侧一只小鹿饶膝，侧面有摆放花瓶的桌子，身后立一着团花

① 史金波等《天盛改旧新定律令》中译为"一团身龙"，贾常业认为应译作"一身大龙"。
② 史金波、聂鸿音、白滨译注：《天盛改旧新定律令》，北京：法律出版社，2000年，第282页。
③ 梁松涛：《西夏文〈宫廷诗集〉整理与研究》，上海：上海古籍出版社，2018年，第23页。

长袍的童子。皇帝和颜悦色，神态怡然，据此可以判断这是皇帝闲居时的情景。也依此图景可推断，东坡巾是西夏皇帝闲居时的一种便帽。

图1-15　西夏皇帝及其随员像复原线描图

《西夏皇帝及其随员像》（图1-15）的[①]真迹已遗失，只存照片资料。画面中坐姿人物是一身材魁伟的尊者，有王者风范，戴直角高金冠，冠上有金色的花纹和线条，身穿白色圆领窄袖长袍，腰束双层宽带。身后有七身男女，其中有一武士头戴和帝王相同形制的冠，足蹬皮靴、手持金瓜杖。前置金银珠宝和象征权力的犬。据俄罗斯专家研究认为，画面中坐姿人物可能是元昊。[②]史金波先生也认为图中主像合乎元昊"衣白窄衫"的特点，这种装束应是西夏皇帝的便服。[③]

《皇帝和皇子》与《西夏皇帝及其随员像》反映的都是西夏帝王闲居时着便服的场景，两图中帝王所戴巾帽形制和修饰纹样十分相似，均是"内外两层、内筒高外檐短"，具有宋人东坡巾的形制特点，只是在高度及翻边帽檐的宽度、高低形状和修饰上与宋代略有不同。西夏东坡巾与中原东坡巾不同之处，主要表现在它的装饰性方面，所镶边饰独具风格，突出地反映了党项民族的审美情趣。

历史上的党项族是尚武喜战的游牧民族，一直与周边各民族征战不断，加之文化较为落后，西夏人民的生活时常弥漫着紧张而残酷的战争气息，充满了困苦艰辛。[④]元昊称帝后，认为西夏节日太少，便下令将每年春、夏、秋、冬四季的第一月的初一和他本人的生日（农历五月初五）都作为节日。[⑤]统治者

---

① 图见俄罗斯国立艾尔米塔什博物馆、西北民族大学、上海古籍出版社编：《俄罗斯国立艾尔米塔什博物馆藏黑水城艺术品》Ⅰ，上海：上海古籍出版社，2008年，第17页。

② ［俄］萨玛秀克：《西夏艺术作品中的肖像研究及史实》，《国家图书馆学刊》2002年西夏研究专刊。

③ 史金波：《西夏社会》，上海：上海人民出版社，2007年，第670页。

④ 吴天墀：《西夏史稿》，北京：商务印书馆，2010年，第235页。

⑤ ［元］脱脱等撰：《宋史·夏国传》上，北京：中华书局，1985年，第14000页。

又从思想文化到饮食起居、衣饰风格上都努力学习汉族文化。从现存文献古籍和绘画资料反映出，西夏建立政权后，战事之外平民的娱乐活动逐渐丰富多样，而上层社会的达官贵人生活中也充满闲适怡然的祥和气息，《皇帝和皇子》画面便是这种祥和生活气息的反映。

俄藏绢本彩绘《水月观音图》（图1-16）①，画面左下方有一戴黑色绣金边花帽、穿绿地团龙锦绣宽袖大袍、束腰带的老者，其身后有一侍从。此画面中老者为二分之一侧面像，陈育宁、汤晓芳先生认为画中老者所穿首服是绣花"东坡巾"②。徐庄先生也指出："《水月观音图》中左下角有一老者，头戴东坡帽。"③此帽高筒形，内外两层，外檐低，内筒高，做工精致，与《皇帝与皇子》中主尊帽式相近。学界对这位老者的身份大致持两点认识，即西夏皇帝或是西夏贵族。笔者于2018年赴俄罗斯访学期间，在圣彼得堡艾尔米塔什博物馆展厅见到了这件《水月观音图》原作。据笔者近距离的观察，这位绿衣老者身上所绘纹饰确为金色团龙图案。俄罗斯西夏学者萨玛秀克也认为老者系西夏皇帝，他身上的绿色袍服上绘有金色的团龙图案，对称分布于袍身。龙凤纹和饰金装饰在西夏法典中有严格规定：

图1-16 《水月观音图》中的老者像及其帽式线描图（笔者绘）

---

① 图见俄罗斯国立艾尔米塔什博物馆、西北民族大学、上海古籍出版社编：《俄罗斯国立艾尔米塔什博物馆藏黑水城艺术品》Ⅰ，上海：上海古籍出版社，2008年，图版22，绢本彩绘X.2439。
② 陈育宁、汤晓芳：《西夏艺术史》，上海：上海三联书店，2010年，第281页。
③ 徐庄：《丰富多彩的西夏服饰》（连载之二），《宁夏画报》1997年8月，第24—27页。

"节亲主、诸大小官员、僧人、道士等一律敕禁男女穿戴乌足黄（石黄）、乌足赤（石红）、杏黄、绣花、饰金、有日月，及原已纺织中有一色花身，有日月，及杂色等上有一团身龙，官民女人冠子上插以真金之凤凰、龙样一齐使用。倘若违律时，徒二年，举告赏当给十缗现钱。"①

"全国内诸人鎏金、绣金线等朝廷杂物以外，一人许节亲主、夫人、女、媳，宰相本人、夫人，及经略、内宫骑马、驸马妻子等穿，不许此外人穿。"②

克恰诺夫认为"《水月观音图》（编号 X.2439）画面体现的是西夏君王的葬礼。……他身着绿袍，上有金色团龙——这是皇帝的象征。"③

与同时期的宋、辽、金相比，西夏皇帝日常喜戴东坡巾的现象是非常独特的。宋朝制度规定：皇帝祭服首服为大裘冕、衮冕、通天冠、折上巾（也称乌纱帽、幞头）。便服常服则以幞头为主，用于大宴、常服、便坐视事服之。幞头是宋代男子的主要首服。上自帝王、下至百官，除祭祀典礼、隆重朝会需服冠冕之外，一般均会戴之。宋代幞头名目繁多。如《宋太祖蹴鞠图》中，赵匡胤娱乐时着便装，戴无脚幞头。《宋史》载："幞头，一名折上巾，起自后周，然止以软帛垂脚，隋始以桐木为之，唐始以罗代缯。惟帝服则脚上曲，人臣下垂。五代渐变平直。国朝之制，君臣通服平脚，乘舆或服上曲焉。其初以藤织草巾子为里，纱为表，而涂以漆。后惟以漆为坚，去其藤里，前为一折，平施两脚，以铁为之。"④由此可知，在宋代，幞头既是皇帝的法服（礼服）、也是便服。据《辽史·仪卫志》记载，契丹族受汉文化影响，创冠服制度，皇帝、汉官具穿汉服。并且规定，皇帝和大臣可戴冠帽及裹巾，其他中下级官员、平民百姓一缕不许戴用。金天眷二年（1139年），冠服制度确定之后，百官参朝，俱服朝服。三年，再定冠服之制：皇帝朝会须服冠冕。⑤目前并未见宋、辽、金皇帝戴东坡巾的现象，而西夏皇帝喜戴东坡巾，这说明西夏对中原汉文化的吸收是很全面的。

---

① 史金波、聂鸿音、白滨译注：《天盛改旧新定律令》，北京：法律出版社，2000年，第282页。

② 史金波、聂鸿音、白滨译注：《天盛改旧新定律令》，北京：法律出版社，2000年，第283页。

③ Кычанов,Тангутская рукописная книга (Во второой половине XII века—Первая четверть XIII века), Рукописная книга в культуре народов Востока М. Наука,1988.　［俄］克恰诺夫，《西夏文手稿（12世纪下半叶至13世纪之前25年）》，东方各民族文化中的手稿，1988年。

④ ［元］脱脱等撰：《宋史·舆服志》，北京：中华书局，1985年，第3564页。

⑤ 周汛、高春明：《中国衣冠服饰大辞典》，上海：上海辞书出版社，1996年，第8页。

第四节　冕冠、毡冠、黑冠

一、冕冠

西夏文献《番汉合时掌中珠》中所罗列的服饰名目中有"𦅫𦃙"（冠冕）[①]的名称。据《宋史·夏国传》也有记载，李谅祚亲政后，主动向宋廷求穿汉服，习汉仪，夏奲都五年，（西夏）嘉祐六年（1061年），"上书自言慕中国衣冠，明年当以此迎使者。"[②]这里的"中国衣冠"当涵盖冕冠、冕服。在《天盛律令》中，还有"一律敕禁男女穿戴……有日、月及杂色等上有一团身龙"的条文。[③]高春明先生认为，这种"有日、月及杂色等上有一团身龙"的服饰，显然就是织绣有十二章纹的冕服，与此相配套的首服，就是冕冠。[④]结合文献、图像以及西夏的社会政治文化特征来考虑，笔者认为高春明的推论较为合理。"冠之尊者莫如冕"[⑤]冕冠是古代帝王、诸侯及卿大夫参加祭祀典礼时最隆重的礼冠。其质、形、色和纹饰，皆取天地自然之理为法，意在"制物象德、法天则地"，以辨别尊卑、表德劝善。[⑥]西夏统治者深谙中原文化，其典章礼乐无不效仿中原。冠冕服饰作为身份地位的重要标识，应该是西夏最高统治者所熟知的，但目前并未见到西夏皇帝戴冕冠的图像资料，此问题尚待学界进一步探讨。

二、毡冠

史载，西夏景宗显道二年（1033年），元昊"始衣白窄衫，毡冠红里，顶冠后垂红结绶。"[⑦]虽然文献记载极其简略，对冠的具体形制不得而知，但图像资料可为我们提供一些参证。莫高窟第409窟东壁门南侧绘西夏皇帝供养像，北侧绘二后妃供养像（图1-3）。史金波先生指出："皇帝身穿黑底绣有金色

① 俄罗斯科学院东方研究所圣彼得堡分所、中国社会科学院民族研究所、上海古籍出版社编：《俄罗斯科学院东方研究所圣彼得堡分所藏黑水城文献》⑩，上海：上海古籍出版社，1999年，第26页。
② ［元］脱脱等撰：《宋史·夏国传》上，北京：中华书局，1985年，第14001页。
③ 史金波、聂鸿音、白滨译注：《天盛改旧新定律令》，北京：法律出版社，2000年，第282页。
④ 高春明：《西夏服饰考》，《艺术设计研究》2014年第1期，第50页。
⑤ 吕思勉：《中国制度史》，上海：上海教育出版社，2002年，第161页。
⑥ 贾玺增：《中国古代首服研究》，东华大学博士学位论文，2006年，第191页。
⑦ ［宋］李焘撰：《续资治通鉴长编》，北京：中华书局，2004年，第2704页。原始出处当为《太平治迹类统》卷七："始衣白窄衫，毡冠红裹顶，冠后垂红结绶。"

（或白色）团龙圆领窄袖袍服，腰束带，手持长柄香炉，戴白色尖顶毡帽。"① 推测皇帝戴毡冠，是因为其手持长柄香炉，且皇帝"足穿白色毡靴以示冬季服饰"②，说明天气寒冷。而与皇帝对应的后妃，则身着绯红白色翻领翻袖口大袍，线描衣褶为重复着色的铁线描，表现袍服的厚重，是冬季服装。

　　西夏党项族本是游牧民族，其服饰不可能脱离游牧民族"衣皮毛"的固有特性。西夏文献《番汉合时掌中珠》、西夏汉文本《杂字》、西夏文《三才杂字》记载有皮裘、披毡等词语。《隋书·党项传》载："党项人服裘褐、披毡，以为上饰。"③他们一般戴毡帽，穿毛织衣物或皮衣，着皮靴。元昊曾云："衣皮毛，事畜牧，蕃性所便。"④元昊建立政权后，确立了具有本民族特色的衣冠制度，元昊自己"始衣白窄衫，毡冠红里，顶冠后垂红结绶。"⑤从这些记载反映出，尤其在西夏政权建立之初，受汉文化影响较小，西夏臣民日常生活中戴毡帽者较为普遍，只是形制与莫高窟第409窟皇帝所戴不同而已。

三、黑冠

《宋史》卷四八五《夏国传》载：

　　　　（元昊）性雄毅，多大略，善绘画，能创制物始。圆面高准，身长五尺余。少时好衣长袖绯衣，冠黑冠，佩弓矢，从卫步卒张青盖。⑥

　　元昊定制时，对官服制度、礼仪制度方面的规定透露出鲜明的民族特点，"武职则冠金贴起云镂冠、银贴间金镂冠、黑漆冠，衣紫旋襕，金涂银束带，垂蹀躞，佩解结锥、短刀、弓矢韣，马乘鲵皮鞍，垂红缨，打跨钹拂。便服则紫皂地绣盘球子花旋襕，束带。"⑦元昊少时便"好衣长袖绯衣，冠黑冠，佩弓矢"，这些装束显然是一副武将形象。党项民族尚武，其武职服饰标新立异，凸显本位民族特征，武职冠戴规定的"黑漆冠"，应是从元昊少时喜戴黑冠发展而来的。

---

① 史金波：《西夏皇室和敦煌莫高窟刍议》，《西夏学》第四辑，银川：宁夏人民出版社，2009年。

② 陈育宁、汤晓芳：《西夏艺术史》，上海：上海三联书店，2010年，第270—271页。

③ [唐] 魏征等撰：《隋书》，北京：中华书局，1973年，第1845页。

④ [元] 脱脱等撰：《宋史·夏国传》上，北京：中华书局，1985年，第13993页。

⑤ [宋] 李焘撰：《续资治通鉴长编》，北京：中华书局，2004年，第2704页。

⑥ [元] 脱脱等撰：《宋史·夏国传》上，北京：中华书局，1985年，第13993、13995页。

⑦ [元] 脱脱等撰：《宋史·夏国传》上，北京：中华书局，1985年，第13993页。

第五节 通天冠

有关西夏皇帝、皇后世俗生活情景的形象资料相对较少，但在宗教题材的绘画中布列于众天神间的帝王形象却比比皆是，他们着装的显著特点是头戴中原帝王的"通天冠"。

西夏通天冠制虽在史志中记载不详，但也可从有关文献中寻得蛛丝马迹。如西夏文类书《圣立义海》的目录中收录有关皇帝礼服、朝服等条目，原书正文对这些内容应有具体交代，可惜这部分内容现已亡佚。这种专用于朝会的皇帝冠戴许为通天冠或冕冠。对现存于西夏图像资料中的通天冠，学界已有关注。孙昌盛在《西夏服饰研究》一文指出："西夏皇帝同样戴唐宋皇帝专用的通天冠"。[1]捷连吉耶夫—卡坦斯基在《西夏物质文化》中指出，"西夏画像材料中对'通天冠'式的帽子有不少描绘。画面上我们既可以看到中式'通天冠'本来的形状，又可以看到较为简便的改进后的样式。"[2]《西夏美术史》指出："到了西夏后期，可能吸收了宋王朝皇帝冠饰，佩戴通天冠。"[3]《西夏艺术研究》"服饰篇"对通天冠也有介绍。[4]

一、通天冠：历代帝王专属首服

通天冠又称"承天冠""卷云冠""高山冠"，为历代帝王专用的一种首服，始创于秦，除元代外历代皆有沿用，及至明朝。

秦代确立服制时将通天冠定为天子首服，主要用于郊祀、明堂、朝贺及燕会，为以后历代所遵循。据汉蔡邕《独断》卷下载："天子冠通天冠，诸侯王冠远游冠，公侯冠进贤冠。"又记："通天冠，天子所常服，汉受之秦，礼无文。"[5]可知，秦代确立服制时，就将其定位为天子冠戴。《旧唐书·舆服志》："唐制，天子衣服，有大裘之冕、衮冕……通天冠、武弁、黑介帻……"[6]《新唐书·车服志》："通天冠，（天子）冬至受朝贺、祭还、燕群臣、养老之服

---

① 孙昌盛：《西夏服饰研究》，《民族研究》2001年第6期，第89页。

② ［俄］捷连吉耶夫—卡坦斯基著，崔红芬、文志勇译：《西夏物质文化》，北京：民族出版社，2006年，第60页。

③ 韩小忙、孙昌盛、陈悦新：《西夏美术史》，北京：文物出版社，2001年，第248页。

④ 高春明、刘建安：《西夏艺术研究》，上海：上海古籍出版社，2009年，第179、第204、205页。

⑤ ［汉］蔡邕：《独断》卷下，商务印书馆丛书集成初编本，1939年，第26页。

⑥ ［后晋］刘昫等撰：《旧唐书》卷四十五《舆服志》，北京：中华书局，1975年，第1936页。

也。"①《通典·礼志》:"礼天朝日,服宜有异,顷代天子小朝会,服绛纱袍、通天金博山冠,斯即今朝之服次衮冕者也。"②《宋史·礼十二》:"十月,文德殿奉安宝、册,帝服通天冠、绛纱袍,执圭。太常奏乐,百官宿庙堂。"③中原帝王通天冠制亦在辽、金时期得以沿用,对其形制记载尤为详细。《辽史·仪卫志》载:"皇帝通天冠,诸祭远及冬至、朔日受朝、临轩拜王公、元会、冬会服之。冠加金博山,附蝉十二,首施珠翠。黑介帻,发缨翠緌,玉若犀簪导。"④《金史·舆服志》载:"金制皇帝服通天、绛纱、衮冕、偪舄,即前代之遗制也。其臣有貂蝉法服,即所谓朝服者。"⑤明谢肇淛《五杂组》卷十二:"翼善、天平、通天、高山,天子冠也。"⑥据历代文献记载来看,通天冠自创制以来,其式样屡有变易,但它始终是帝王专属首服,乃皇帝专用礼冠。

西夏统治者们积极汲取汉文化养料,以建立和强化新兴的封建政权。李继迁曾言:"其人习华风,尚礼好学,我将借此为进取之资,成霸王之业。"⑦继迁子德明继位后"大辇方舆、卤薄仪卫,一如中国帝制。"⑧德明又尊其父继迁为皇帝,谥号、庙号、陵号无不应有尽有。元昊称帝,不避宋朝,"并建大位,……与天子侔拟"。⑨西夏历代统治者深谙中原文化,他们不会不知晓中原历代帝王的冠服礼仪。中原的龙凤纹制、赐衣制、品色服制等服饰礼仪制度或者被西夏统治者全盘承袭,或者被加以巧妙改造;但令人费解的是,通天冠自秦汉创制以来,包括辽、金等少数民族政权也都历代传承,为何独西夏不见有文字记载?

二、西夏通天冠形象

虽无史料记载西夏通天冠的具体情况,然而这一冠式则频见于宗教题材的绘画作品中。

西夏佛经版画中佩戴通天冠的神祇人物形象非常丰富。俄藏TK179《金刚

①[宋]欧阳修、宋祁撰:《新唐书·车服志》,北京:中华书局,1975年,第515页。
②[唐]杜佑撰,王文锦、王永兴、刘俊文、徐庭云、谢方点校:《通典》,北京:中华书局,1988年,第1232页。
③[元]脱脱等撰:《宋史》,北京:中华书局,1985年,第2619页。
④[元]脱脱等撰:《辽史·仪卫志》,北京:中华书局,1974年,第908页。
⑤[元]脱脱等撰:《金史·舆服志》,北京:中华书局,1975年,第975页。
⑥[明]谢肇淛撰,傅成校点:《历代笔记小说大观 五杂组》,上海:上海古籍出版社,2012年,第227页。
⑦[清]周春著,胡玉冰校补:《西夏书校补》,北京:中华书局,2014年,第1766页。
⑧[清]周春著,胡玉冰校补:《西夏书校补》,北京:中华书局,2014年,第1805页。
⑨[宋]李焘撰:《续资治通鉴长编》卷壹叁零,北京:中华书局,2004年,第3087页。

珠翠
梁
冠圈
金博山
蝉

图1-17 俄藏汉文《注清凉心要》通天冠结构分解图（关静婷绘）

般若波罗蜜经》释迦牟尼在祇树给孤独园说法图中，佛前跪众神和供养人，佛两侧布列人物有题款，其中题为"舍卫国王"的供养人头戴通天冠。[1]这是一幅受隋唐人物画风格影响、线描人物画技法较成熟的佛教人物版画。画中的孤长者、舍卫国王、祇陀太子等古印度人物均着汉式宽袖交领袍服。这幅版画是在庆祝仁宗皇帝继位50周年时，皇室向社会传播的《金刚般若波罗蜜经》中的其中一个版本。[2]另有俄藏TK18释迦牟尼在耆阇崛山说法图乃《金刚般若波罗蜜经》卷首版画，刻画背景、画面内容及风格与俄藏TK179相同。从《金刚般若波罗蜜经》版画的刻印背景和版画内容可推知，"舍卫国王"属古印度皇帝，版画绘画风格及人物着装却是隋唐风格，这也正是文化交流与融合的一个显著体现。俄藏汉文版画《注清凉心要》（图1-17）[3]，画刻人物四身：皇帝1身，官员1身，法师1身，沙弥1身。画面左侧皇帝头戴通天冠，内着交领衫，外着宽袖大袍，双手合十。其身后站一戴直脚幞头的官员，直脚幞头是宋代首服形制，也是西夏文官阶层普遍流行的帽式。[4]帝王冠式与唐吴道子所绘《送子天王图》（图1-18）[5]中天王及宋《朝元仙仗图》（图1-19）中"南极天帝君"所戴通天冠的结构特征相同。西夏文佛经《慈悲道场忏罪法》经首的《梁皇宝忏图》有两种版本，一个版本藏于中国国家图书馆，另一版本藏于俄罗斯科学院东方文献研究所。中国藏西夏文刻本《慈悲道场忏罪法·梁皇宝忏图》（图1-20）[6]中，梁武帝身穿朝服，头戴通天冠，冠梁清晰可辨，金博山上有"王"字图案，

① 俄罗斯科学院东方研究所圣彼得堡分所、中国社会科学院民族研究所、上海古籍出版社编：《俄罗斯科学院东方研究所圣彼得堡分所藏黑水城文献》④，上海：上海古籍出版社，1997年，彩图版TK179。

② 陈育宁、汤晓芳：《西夏艺术史》，上海：上海三联书店，2010年，第134页。

③ 俄罗斯科学院东方研究所圣彼得堡分所、中国社会科学院民族研究所、上海古籍出版社编：《俄罗斯科学院东方研究所圣彼得堡分所藏黑水城文献》④，上海：上海古籍出版社，1997年，彩图版TK186。

④ 魏亚丽、杨浣：《西夏幞头考——兼论西夏文官帽式》，《西夏研究》2015年第2期。

⑤ 图见高春明：《中国服饰名物考》，上海：上海文化出版社，2001年，第205页。

⑥ 图见宁夏大学西夏学研究院、国家图书馆、甘肃五凉古籍整理研究中心编：《中国藏西夏文献》五，兰州：甘肃人民出版社、敦煌文艺出版社，2005年，第5页。关于中国藏西夏文刻本《慈悲道场忏罪法》梁皇宝忏图梁武帝所戴冠式，高春明先生也认为是通天冠，参见高春明、刘建安：《西夏艺术研究》，上海：上海古籍出版社，2009年，第179页。

图1-18　唐《送子天王图》天王冠式　图1-19　宋《朝元仙仗图》"南极天帝君"的通天冠

图1-20　中国藏西夏文《慈悲道场
忏罪法·梁皇宝忏图》戴通天冠
梁武帝（关静婷绘）

图1-21　新疆柏孜克里克石窟壁画中的通天冠

同盛唐新疆柏孜克里克石窟壁画（图1-21）[①]中的通天冠相似。

捷连吉耶夫—卡坦斯基指出，西夏画像材料中对"通天冠"式的帽子有不少描绘。画面上我们既可以看到中式"通天冠"本来的形状，又可以看到经过改良后的样式。他认为俄罗斯西夏特藏第165号，馆册第150号版画上绘有改良后的"通天冠"，只不过它的尺寸比原本中式的形状要小一些，且原来作为中式"通天冠"特征之一是顶部向后弯曲，改良后的顶部却不再向后弯曲。并且作者还注意到"这两种款式的帽子在画像上既可作为天神的头饰，也可作为供养人的头饰出现。"西夏特藏第320号，馆册第71、83号

①图见贾玺增：《中国古代首服研究》，东华大学博士学位论文，2006年，第240页。

《观弥勒菩萨上生兜率天经》，这部流传甚广的经文插图中绘有一些天神或者供养人的形象，手持从头上摘下的"通天冠"，置于身前，作顺从状。[①]捷连吉耶夫—卡坦斯基指出，西夏存在两种形制的通天冠，一为"中式"，指历代传承下来的通天冠样式，推测为唐宋形制。还有"改良后"的样式，应是在传统式样上做了简化，这在西夏图像资料中有所反映。

　　《西夏艺术史》指出："中国国家图书馆藏西夏文《现在贤劫千佛名经》上卷所插一折页《帝后礼佛图》，记录了西夏帝后举行的一次重大礼佛活动。图上画刻僧俗11身，皇帝头戴帝冠，着交领宽袖大袍，双手合十；皇后戴凤冠着花袍。身后侍者手持绘有龙图案的旌旗仪仗。"[②]龙门宾阳洞有北魏浮雕《皇帝礼佛图》，孙机先生认为这是通天冠演变过程中的其中一种形制[③]。北魏《皇帝礼佛图》为早期通天冠形制流变中的一种款式，更接近于汉画像石和武氏祠画像石中的通天冠样式，冠前有金博山，但无冠梁。西夏统治者身体力行推崇佛教，其《帝后礼佛图》仪仗阵势与北魏《皇帝礼佛图》相近，但皇帝冠式则与敦煌石窟唐咸通九年（868年）刊本《金刚般若波罗蜜经》和宋《九歌图》中的通天冠相同，既有金博山，更有清晰可见的冠梁。

　　学界普遍认为西夏通天冠形制源自唐宋。孙昌盛先生《西夏服饰研究》一文指出："西夏皇帝同样戴唐宋皇帝专用的通天冠"。[④]韩小忙等《西夏美术史》："到了西夏后期，可能吸收了宋王朝皇帝冠饰，佩戴通天冠。在安西东千佛洞第2窟南壁的水月观音变中，水面上云朵火光中站立四俗人虔心拜观音，中间为首者戴通天冠，挂如意，前面一侍女拿符节，身后文吏拿书，一力士张旗[⑤]。这一组人物，表示帝王拜谒水月观音，戴通天冠者应是西夏皇帝。"[⑥]此图原收录于张宝玺先生《瓜州东千佛洞西夏石窟艺术》一书，并附有图释："北壁落迦山观音中的天人（大梵天或帝释天）手持曲柄香炉，前面童女奉供品，后有文士抱文卷，武士张大旗。"[⑦]大梵天或帝释天是印度佛教的神祇人物，依图来看，天人所戴为通天冠。东千佛洞第2窟释迦涅槃图足跟部人物为末罗族长者（图1-22），头戴通天冠，身穿苍青色交领衣，双手合十。尊者形

---

　　①［俄］捷连吉耶夫—卡坦斯基著，崔红芬、文志勇译：《西夏物质文化》，北京：民族出版社，2006年，第60页。

　　②陈育宁、汤晓芳：《西夏艺术史》，上海：上海三联书店，2010年，第164页。

　　③孙机：《中国古舆服论丛》（增订本），上海：上海古籍出版社，2013年，第167页。

　　④孙昌盛：《西夏服饰研究》，《民族研究》2001年第6期，第89页。

　　⑤张宝玺：《东千佛洞西夏石窟艺术》，《文物》1992年第2期，第87—88页。

　　⑥韩小忙、孙昌盛、陈悦新：《西夏美术史》，北京：文物出版社，2001年，第248—249页。

　　⑦张宝玺：《瓜州东千佛洞西夏石窟艺术》，北京：学苑出版社，2012年，第149页。

象与《送子天王图》戴通天冠者无异，均为2/3侧面像，双眼凝视，神情严肃。冠饰极易辨识，冠圈前额部分饰以蓝白色相间云纹，云朵为三瓣，左右两侧各装饰小图案，冠圈左侧为八九片花瓣装饰，花蕊清晰可辨，推测右侧应是与此相同的花形装饰。金博山饰卷云纹，亦呈三片云朵状，中间一朵在上，左右两朵对称分布两侧。由于人物为侧面像，因透视关系，只能看到十二柱冠梁。关于此人的身份及衣饰，有学者指出：摸佛足者身后站立着一位头戴通天冠或戴冠蓄发，身着官服的人物，应是末罗族长者。实际上，释迦在古印度末罗国拘尸那揭罗城入灭后，葬仪是由当地末罗族人举行的。在犍陀罗涅槃像中，末罗贵族颇多见。这里则作举哀动作，站在一侧吊唁。[1]"也许因壁画的描绘者是中国僧人，因此壁画运用传统中国服饰文化赋予佛教人物，是佛教中国化的一种体现。在瓜州东千佛洞第2窟《说法图》（图1-23）[2]中，也绘有戴通天冠、穿朝服、佩大带、系组绶的天人形象。尊者相貌、神情及所戴冠式形制和装饰纹样与释迦涅槃图末罗族长者相似。冠圈前额为植物纹装饰，似有花蕊和五六片花瓣，冠圈左侧为花瓣形装饰。

安西榆林窟第3窟西壁北侧为西夏晚期壁画，内容为唐代以后盛行的文殊变。文殊菩萨手持如意，半跏半坐于狮背莲座。四周围着帝释、天王、菩萨、

图1-22 瓜州东千佛洞释迦涅槃图·戴通天冠末罗族长者线描图（笔者绘）

图1-23 瓜州东千佛洞《说法图》戴通天冠天人（关静婷绘）

---

① 张宝玺：《瓜州东千佛洞西夏石窟艺术》，北京：学苑出版社，2012年，第163页。
② 张宝玺：《瓜州东千佛洞西夏石窟艺术》，北京：学苑出版社，2012年，第151页。

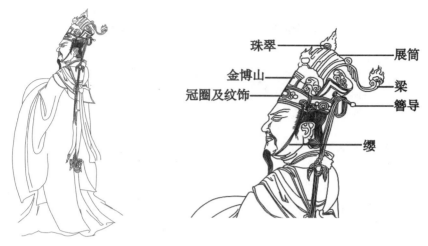

珠翠
金博山
冠圈及纹饰
展筒
梁
簪导
缨

图1-24 榆林窟第3窟戴通天冠帝释天及帽式细节图（关静婷绘）

罗汉、童子等圣众。其中帝释天（图1-24）①头戴通天冠，冠梁较粗，向后翻卷，卷曲的冠梁末端饰有火焰纹，衬于蓝色冠体之上。冠顶饰黑蓝色珠翠。蓝色展筒上饰有卷云图案。金博山亦有装饰。冠圈前额部分以几何纹为中心，左右两侧饰卷云纹；冠圈左侧饰几何纹，上侧有云纹。冠有玉簪导、组缨、缨绥垂于颔下。此冠做工考究，式样繁复、装饰精美，与《宋史·舆服志》所述通天冠"二十四梁，加金博山，附蝉十二，高广各一尺。青表朱里，首施珠翠，黑介帻，组缨翠绥，玉犀簪导"②相吻合。

西夏通天冠佩戴者除了多见神祇形象外，西夏六号陵出土的一块陶质板瓦（图1-25）③值得注意。这是一件世俗人物画像，在板瓦凸面上用墨线描绘一男子身像，人物所戴冠式及着装与宋式风格相同，此冠有清晰可辨的冠梁，基本形制类似于唐《送子天王图》和宋《朝元仙仗图》中的通天冠。坐落在宁夏贺兰山东麓的西夏陵区共发现9座帝陵，据考证，六号陵是西夏开国皇帝嵬名元昊之父太宗李德明的嘉陵。④令人不解的是，西夏用于建造帝陵的板瓦上为何绘有戴通天冠的皇帝形象？根据通天冠的使用规定来看，通天冠只能用于皇帝身份，具有唯一性，所以我们对这块板瓦上的人物形象有很大疑问，皇帝画像

① 敦煌研究院编：《中国石窟·安西榆林窟》，北京：文物出版社，2012年，图版168。
② [元]脱脱等撰：《宋史》卷151《舆服志》，北京：中华书局，1985年，第3530页。
③ 史金波、李进增：《西夏文物·宁夏编》，北京：中华书局、天津：天津古籍出版社，2016年，第4978页。
④ 孙昌盛：《西夏六号陵陵主考》，《西夏研究》2012年第3期，第26页。

图1-25　西夏陵区6号陵出土墨绘板瓦及线描图（关静婷绘）

为何被绘制在瓦块上？是否隐含着某种寓意？另外，人物有圆形头光，双手合十礼拜状，头光、合十礼拜是佛教的符号特征。前述可见，无论壁画还是唐卡卷轴画，凡是出现戴通天冠的形象，一般描绘的都是天界的情景或者说是宗教世界。那么，绘于板瓦上的戴通天冠的人物可能也是某种身份特殊的。

三、西夏通天冠的政治寓意

西夏通天冠图像虽丰富，但多为宗教绘画中的神祇人物佩戴，纯世俗题材鲜见，学界研究也反映了这一现象，如俄罗斯学者指出通天冠"在画像上既可作为天神的头饰，也可作为供养人的头饰出现。"[①]韩小忙先生也认为："到了西夏后期，可能吸收了宋王朝皇帝冠饰，佩戴通天冠。在安西东千佛洞第2窟南壁的水月观音变中，水面上云朵火光中站立四俗人虔心拜观音，中间为首者戴通天冠，……戴通天冠者应是西夏皇帝。"[②]陈育宁先生描述西夏版画《帝后礼佛图》是"记录了西夏帝后举行的一次重大礼佛活动"[③]，皇帝头戴通天冠。

宗教作品中布列在众天神间的天人形象，多数为皇族或贵族人物装束。在西夏艺术品中，学者们多次提到"帝释天"这一形象。帝释天，梵文音译为"释迦提桓因陀罗""因陀罗"意为帝。在印度最古老的诗歌总集《梨俱吠陀》

①［俄］捷连吉耶夫—卡坦斯基著，崔红芬、文志勇译：《西夏物质文化》，北京：民族出版社，2006年，第60页。

②韩小忙、孙昌盛、陈悦新：《西夏美术史》，北京：文物出版社，2001年，第248—249页。

③陈育宁、汤晓芳：《西夏艺术史》，上海：上海三联书店，2010年，第164页。

中，帝释天是最高天神，他能统治世间万物。帝释天的造像一般为头戴宝冠，身穿战袍，肤呈茶褐色，璎珞缠绕，手持金刚杖或杵，表情严肃，盘腿坐于须弥山上。在中国的佛教中，帝释天通常为少年帝王像。[①]西夏佛经版画、石窟寺壁画中有通天冠形象的作品大致呈现这样的特征：画面人物众多，有佛、菩萨、弟子、上师、护法、鬼神、伎乐飞天、皇族（包括帝王、侍从等）、神兽、祥云、菩提树等。陈育宁先生在《西夏艺术史》中写道："从大量的绘画艺术中发现，皇族人物从世俗社会的供养人身份而进入'神'的行列，说明在宗教上，皇权控制力的增强。"[②]古代社会的皇帝，曾长久地被神化为天帝的儿子，是代天治民、主宰国家的君主。在敦煌莫高窟各类佛经故事壁画中，出现了为数众多的帝王、军政长官的形象，如各国王子举哀图、国王问疾图、国王听法图等，他们与各类佛陀、菩萨、天人绘在一起，俨然是佛教大家庭中的一员。[③]

西夏文诗歌《圣殿俱乐歌》开头四句的描绘，将西夏皇帝等身于佛：[④]

𗼊𗼊𗤀𗤒𗰗𘜶（各国帝君不相同），𗴿𗼴𗼊𘄒𗦫𗠣𗴲（白高国内佛天子），𗼷𗼷𗞞𗰞𗤁𗐔（诸处王岂所同？），𗿇𗤁𗧓𘕿𗿛𗰖𗞞（中兴世界菩萨王）。

西夏统治者将自己装扮成"佛天子""菩萨王"的化身，以此来突显君权的神圣，以达到控制民众的目的。正如吴天墀先生所言，西夏历代统治者大力提倡佛教，无非就是为了实现这一政治目的。他们就有必要寻求一种具有传统势力、理论系统完整的宗教来为自己的现实利益服务，迫使人民通过对于神权的崇拜，而实际屈从于封建皇权。[⑤]西夏宗教题材中的通天冠或许就是君权神授的外化形式。

小 结

世俗生活中目前见到西夏皇帝的帽式主要有三种形制：镂冠、锥形尖顶高冠和东坡巾。

三种帽子佩戴场合不同。《西夏译经图》和《梁皇宝忏图》中皇帝衣装冠式大同小异，都是穿法服（礼服），着镂冠，在正式场合译经、听法的形象。

① 阮荣春：《佛教艺术经典》第二卷《佛教图像的展开》，沈阳：辽宁美术出版社，2015年，第161页。
② 陈育宁、汤晓芳：《西夏艺术史》，上海：上海三联书店，2010年，第143页。
③ 王胜泽：《西夏佛教图像中的皇权意识》，《敦煌学辑刊》2018年第1期，第107页。
④ 梁松涛：《西夏文〈宫廷诗集〉整理与研究》，上海：上海古籍出版社，2018年，第164、171页。
⑤ 吴天墀：《西夏史稿》，北京：商务印书馆，2010年，第227页。

敦煌莫高窟第409窟皇帝作为供养人身份，与前述场景冠戴则迥然不同，此窟西夏皇帝头戴锥形尖顶高冠，身穿戴具有民族特色的黑底团龙图案的便装，双手持供养物，虔诚礼佛。东坡巾则是皇帝闲居时的一种便帽。在不同场合衣冠着装不同，也反映了西夏服饰的丰富多样性。

三种不同风格的帽子体现了西夏文化多元素的特点。镂冠是西夏创制，具有西夏党项民族特色；尖顶白色高冠主要受到回鹘冠式样的影响，而东坡帽的造型则来自中原汉服元素。《宋史·夏国传》载，元昊向宋朝的表章中称"吐蕃、塔塔、张掖、交河莫不服从"①。河西走廊历来是多民族杂居之地，居住有回鹘、吐蕃、吐谷浑等多个民族。西夏长期控制河西走廊，因此其服饰自然反映出多民族性。

另有一种帽式的佩戴环境较为独特，即宗教题材绘画中布列于众天神间的帝王形象，他们着装的显著特点就是头戴中原帝王的"通天冠"。西夏宗教题材的图像中的通天冠应是君权神授的外化形式。

---

① [元] 脱脱等撰：《宋史·夏国传》上，北京：中华书局，1985年，第13996页。

第二章　文官帽式

　　西夏文职官员的装束因袭唐宋因素最多，幞头即为典型之例。西夏首服有据可证的首推幞头。文献记载，西夏景宗显道二年（1033年），元昊规定"文资则幞头、靴笏、紫衣、绯衣……"[1]。隋唐时期，幞头只用于常服，各级品官礼见朝会则不得用之。宋代起，幞头不仅用于常服，还用于公服，有时甚至还兼用于朝服。宋周密《武林旧事》记皇帝主持册封皇后大礼时"班定，皇帝自内服幞头、红袍、玉带、靴化幄，更服通天冠，绛纱袍。"[2]至于普通官吏，更将幞头用作盛服。宋朱熹《朱子家礼》曰："凡言盛服者，有官则幞头、公服、带、靴、笏；进士则幞头、襴衫、带；处士则幞头、皂衫、带；无官者通用帽子、衫、带。"[3]西夏文官着装承袭唐、五代传统，与同时代的宋官服相似，小施变化而已。除幞头外，前揭西夏皇帝喜戴的东坡巾在西夏文官阶层中亦颇为流行。

第一节　幞头

　　幞头是由汉魏时流行的方形幅巾衍变而来，初时称软裹，后经历朝历代不断衍变，又出现了硬裹，它是我国古代男子最重要的首服。幞头形制多样，因后面两脚裹法不同而有所区别，故有无脚幞头、高脚幞头、长脚幞头、短脚幞头、圆顶幞头、凤翅幞头、漆纱幞头、硬脚幞头、软脚幞头、花角幞头、簇花幞头之分。沈括在《梦溪笔谈》卷一中介绍了宋朝幞头的形制："本朝幞头有直脚、局脚、交脚、朝天、顺风凡五等。"[4]《宋史》载："幞头，一名折上

---

[1] ［元］脱脱等撰：《宋史·夏国传》上，北京：中华书局，1985年，第13993页。
[2] ［宋］周密：《武林旧事》，杭州：西湖书社，1981年，第132页。
[3] ［清］郭嵩焘撰，梁小进主编：《校订朱子家礼·通礼》，长沙：岳麓书社，2012年，第631页。
[4] ［宋］沈括著，侯真平点校：《梦溪笔谈》，长沙：岳麓书社，1998年，第4页。

巾，起自后周，然止以软帛垂脚，隋始以桐木为之，唐始以罗代缯。惟帝服则脚上曲，人臣下垂。五代渐变平直。国朝之制，君臣通服平脚，乘舆或服上曲焉。其初以藤织草巾子为里，纱为表，而涂以漆。后惟以漆为坚，去其藤里，前为一折，平施两脚，以铁为之"①，交代了幞头形制与材质，以及佩戴群体。

西夏统治者将幞头纳入国家法律范畴，规定"文资则幞头、鞾（靴）笏、紫衣、绯衣……"。宋仁宗嘉祐六年（1061年），西夏使者依次带了价值八万贯的货物到宋朝境内交易，他们用交易所得的五千两银子"买乐人幞头四百枚，熏衣香、龙脑、朱砂凡百两，及买绫为壁衣"②。嘉祐七年（1062年），西夏国求宋太宗御制诗章、隶书石本，欲建书阁宝藏之，且进贡马五十匹，求《九经》《唐史》《册府元龟》及宋朝正至朝贺仪。宋对西夏的请求，除"诏给国子监书及释氏经并幞头"外，"其余皆托辞以拒之"③。谅祚向宋乞工人、伶官和译经僧，乞工求巧意在"变革衣冠制度"，虽然宋朝以某种借口未能满足西夏的请求，但由此不难看出，西夏对汉文化已不仅仅停留在模仿上，而是希望通过学习先进文化，变革游牧民族传统的生活方式。④ 图像资料反映，流行于西夏的幞头主要有软脚幞头、展脚幞头、直脚幞头、交脚幞头和长脚罗幞头等。

一、软脚幞头

幞头根据两脚有无衬物而分为软脚幞头和硬脚幞头两类。以布帛等轻软材质制成的称为软脚幞头，《宋史·礼志》提到了这种幞头："皇帝未成服，则素纱软脚幞头、白罗袍、黑银带、丝鞋。"⑤软脚幞头因质地柔软而自然下垂；而硬脚幞头以丝弦为骨，可以制成各种固定的形状，使用时插在幞头两侧。

俄藏黑水城出土《水月观音》（图2-1）中的西夏官员就戴软裹软脚幞头，穿典型的官服，长袍，系腰带，双手合十向观音致礼。此人物取背侧面角度绘制，更有助于我们观察其所戴幞头的形制，幞头两脚于脑后下垂，幞头脚形似植物的叶子，狭长呈椭圆形。

武威西郊林场西夏墓出土的木板画中有两幅戴幞头人物形象。其中一幅画板高10厘米、宽6厘米，人物为四分之三右侧画像，作拱手之状，头戴深色软脚幞头，身穿圆领浅色宽袖长衫，白色袖领边，朴素大方。另一幅画板高10.5

---

① [元] 脱脱等撰：《宋史·舆服志》，北京：中华书局，1985年，第3564页。
② [清] 周春著，胡玉冰校补：《西夏书校补》，北京：中华书局，2014年，第625页。
③ [宋] 司马光著，邓广铭、张希清点校：《涑水记闻》，北京：中华书局，1989年，第165页。
④ 李华瑞：《宋夏关系史》，北京：中国人民大学出版社，2010年，第243页。
⑤ [元] 脱脱等撰：《宋史·礼志》，北京：中华书局，1985年，第2919页。

图2-1 俄藏《水月观音》文官软脚幞
头线描图（笔者绘）

图2-2 武威木板画中文人软脚幞
头线描图（笔者绘）

厘米、宽5厘米。基本为正面像，也戴软脚幞头（图2-2），身穿圆领长衫，作
拱手姿势。

俄藏编号TK119《佛说报父母恩重经》（图2-3）①，经文上首幅插图为条
幅式组合，分三部分。中间一条佛说法图，佛坐于莲台，佛前跪二弟子。左、
右对称两条幅，共画刻15图30人，其中有15人的造型清晰可辨：一书生着唐
官员装，幞头、圆领衫、乌皮靴。人物所戴帽式形制既有直脚幞头，也有帽翅
向下的软脚幞头。

俄藏黑水城出土《注清凉心要》版画，画刻人物5身。清凉法师于殿内向
帝后授法，法师左手持锡杖，右手作说法印，皇帝着宽袖大袍，身边一后妃，
皇帝身后站一男子，头戴软脚
幞头。殿下绘一戴直角幞头的
官员，人物造型为中原传统人
物画特点。

俄藏编号X.2527《听琴
图》（图2-4），细笔白描两个
着袍戴幞头的人物，各自一桌
一椅。一人面向观者，手捧一
盏，另一人背相而坐。头饰的
形式是10世纪的。椅子的式
样是中国10至13世纪的。左
侧边缘有一把古琴。与宋徽宗

图2-3 俄藏黑水城出土《佛说报父母恩重经》中的
软脚幞头

① 图见俄罗斯科学院东方研究所圣彼得堡分所、中国社会科学院民族研究所、上海古籍出版社编：《俄罗斯科学院东方研究所圣彼得堡分所藏黑水城文献》③，上海：上海古籍出版社，1996年，第43页。

图2-4 西夏《听琴图》（局部）中的软脚幞头

图2-5 宋徽宗赵佶《听琴图》（局部）中的软脚幞头

赵佶绘《听琴图》（图2-5）[①]对比来看，两幅画从构图、意境、人物衣装，尤其帽子样式都显示出极大的相似性。

唐宋普遍着软脚幞头。晚唐以前，幞头的裹法基本是"软裹"，即将巾帕裁出四脚，蒙覆于首，二脚折上，系结头顶；二脚下垂，缚结下垂，用以临时系裹，又称"软脚幞头"，即敦煌第130窟北壁盛唐官员男子所戴幞头形制（图2-6）[②]。初唐至中唐，软裹软脚幞头盛行，阎立本的《步辇图》中，唐太宗所戴幞头二脚为下垂软裹式（图2-7）[③]。宋徽宗赵佶绘《听琴图》中共有4人，正中端坐的抚琴者为宋徽宗，左侧青衣仰观者是王黼，戴软脚幞头，身边一童

图2-6 敦煌第45窟南壁盛唐官员
男子软脚幞头

图2-7 唐阎立本《步辇图》
（局部）中唐太宗软裹软脚幞头

①图见谢志高：《历代名画录——高士古贤》，南昌：江西美术出版社，2014年，第23页。
②中国敦煌扁壶全集编辑委员会：《中国美术分类全集·6·敦煌盛唐》，天津：天津人民美术出版社，2006年，第70页。
③图见魏健鹏：《敦煌壁画中幞头的分类及其断代功能刍议》，《艺术设计研究》2013年第2期。

子拱手而立。

二、硬脚幞头

硬脚幞头初见于唐神龙二年（706年）章怀太子李贤墓石椁线雕人物（图2-8）[①]。宋毕仲询《幕府燕闲录》载："自唐中叶以后，谓诸帝改制，其垂二脚，或圆或阔，周丝弦为骨稍翘矣。臣庶多效之。"脚中除用丝弦骨外，也可用铜丝或铁丝为骨。即宋赵彦卫《云麓漫钞》所谓："以纸绢为衬，用铜铁为骨。"[②]宋朱熹《朱子语类》则谓："唐宦官要得常似新幞头，故以铁线插带中。"[③]据此可知，唐硬脚幞头以铜丝或铁丝为骨架，因硬脚常常翘起，又称"翘脚"。[④]晚唐以后，出现的"硬裹"之制，是用木料、铁丝、竹篾为骨，做成一个头箍，然后将巾帕包裹在头箍上，使用时只要往头上一套，不用再临时系裹。[⑤]这种幞头的特点是幞头脚较短，翘起于脑后。

瓜州东千佛洞第5窟西夏男供养人像（图2-9）[⑥]，其头冠顶部隆起，冠后有2条交叉伸出的帽翅，供养人为四分之三侧面像，从侧面观察，这种形制与敦煌莫高窟第144窟（图2-10）[⑦]东壁门上供养人首服相同，应为硬脚幞头。晚唐大多数男供养人都戴此种幞头。

图2-8 唐李贤墓石椁
线雕人物幞头

图2-9 瓜州东千佛洞第5
窟西夏文官幞头

图2-10 敦煌壁画晚唐第
144窟东壁门供养人幞头

① 图见孙机：《中国古舆服论丛》（增订本），上海：上海古籍出版社，2013年，第212页。
② ［宋］赵彦卫撰，傅根清点校：《云麓漫钞》，北京：中华书局，1996年，第39页。
③ ［宋］黎靖德编，王星贤点校：《朱子语类》，北京：中华书局，1986年，第2329页。
④ 岳聪：《从唐五代笔记小说看唐人服饰文化特色》，上海师范大学硕士学位论文，2012年，第40—42页。
⑤ 高春明：《中国服饰名物考》，上海：上海文化出版社，2001年，第283页。
⑥ 图见张先堂：《瓜州东千佛洞第5窟西夏供养人初探》，《敦煌学辑刊》2011年第4期，第54页。
⑦ 图见魏健鹏：《敦煌壁画中幞头的分类及其断代功能刍议》，《艺术设计研究》2013年第2期，第15页。

三、展脚幞头

展脚幞头，始于唐代中晚期，兴于五代，宋代沿用。亦称"平脚幞头""舒脚幞头"，宋人王得臣《麈史》上卷："幞头……唐谓之软裹，至中末以后，浸为展脚者。今所服是也。然则制度靡一，出于人之私好而已。"[①]《宋史·舆服志》记载："幞头……五代渐变平直。国朝之制，君臣通服平脚，乘舆或服上曲焉。其初以藤织草巾子为里，纱为表，而涂以漆。后惟以漆为坚，去其藤里，前为一折，平施两脚，以铁为之。"[②]可见展脚幞头是唐宋以来君臣通戴的一种冠式，且一直沿用不衰，《三才图会·衣服》中提到了展脚幞头："国朝侍仪舍人用展脚幞头，窄袖紫衫，涂金束带，皂纹靴。"[③]展脚幞头的主要特点是两脚多呈狭长叶形，平直向外（即左右）伸展。如图2-11[④]所示。

图2-11 宋瓷人物图中的帽式

有关西夏戴展脚幞头形象的资料较为丰富。在肃北五个庙石窟第3窟《弥勒经变》下方有二主一仆3身供养人画像（图2-12），此二主身着圆领窄袖长袍，腰系革带，足蹬乌靴，应是西夏的文官或在西夏任职的汉族官吏。[⑤]二主均戴长叶形展脚幞头，幞头两脚平直伸展，形如五代时期敦煌莫高窟第16窟甬道南壁曹议金所戴幞头。本窟《药师经变》由多组小画面组绘而成，多为现实生活场景中的俗世人物。《放生图》中画一官吏，头戴展脚幞头，身穿圆领小袖长袍，腰系革带，足蹬乌靴，双手合十。《树幡图》图左侧紧边绘重楼，楼前立一高杆，杆上巨幡迎风招展，杆下立一主一仆。主人亦戴展脚幞头，幞头平直向外伸展的两脚

图2-12 肃北五个庙石窟第3窟西夏供养人帽式
线描图（笔者绘）

---

① [宋] 王得臣：《麈史》，上海：上海古籍出版社，1986年，第8页。
② [元] 脱脱等撰：《宋史·舆服志》，北京：中华书局，1985年，第3564页。
③ [明] 王圻、王思义编集：《三才图会》，上海：上海古籍出版社，1985年，第1532页。
④ 图见吴山：《中国纹样全集·宋·元·明·清卷》，济南：山东美术出版社，2009年，第110页。
⑤ 谢静：《敦煌石窟中西夏供养人服饰研究》，《敦煌研究》2007年第3期，第28页。

呈狭长叶状，身穿圆领宽袖长袍，腰系革带，足蹬乌靴。图右侧绘二身官吏，冠服同前，一人持香炉，一人持鲜花，互相呼应，作供养之状。此经变画中的官吏服饰与上述该窟中供养人的服饰相同，应为西夏文官。

另有瓜州东千佛洞第2窟《落迦山观音·天人》（图2-13）中的文官戴展脚幞头。北壁落迦山观音天人手持曲柄香炉，头戴通天冠，前有童女奉供品，后有武士张大旗，文士头戴展脚幞头，穿绯色长袍，抱文卷。

中国国家图书馆藏西夏文刻本《慈悲道场忏罪法·梁皇宝忏图》（图2-14），画刻人物23身，内宫殿前大蟒蛇两边分列大臣或官吏，头戴展脚幞头，幞头两脚呈长叶形，平直向外伸展。人物身穿圆领宽袖袍服，腰系革带，足蹬乌靴，双手持笏板，鞠躬向前。此图中官员服饰与文献记载西夏文资"幞头、靴、笏、紫衣、绯衣"相吻合。

图2-13　东千佛洞第2窟《落迦山观音·天人》中的展脚幞头线描图（笔者绘）

图2-14　中国藏西夏文刻本《梁皇宝忏图》中的展翅幞头线描图（笔者绘）

俄藏TK119《佛说报父母恩重经》（图2-15），画面为条幅式组合，分三部分内容：中间画面为佛说法图，左、右对称两条幅式画面，共画刻15幅小图。画面主体人物造型为文人形象，人物头戴幞头，穿圆领宽袖袍服、乌皮靴。左侧7图为诵读书经的书生衣装，右侧8图为袒胸露腹的劳动装束。整幅图幞头形制有双脚向外平直伸展的长叶形展脚幞头，也有双脚自然下垂的软脚幞头。

图2-15　俄藏TK119《佛说报父母恩重经》中的展脚幞头线描图（笔者绘）

四、直脚幞头

西夏直脚幞头形象多处可见。宁夏贺兰县宏佛塔天宫藏彩绘绢质玄武大帝

图2-16　宏佛塔天宫藏彩绘
绢质玄武大帝图中戴直脚幞头
的文官

图2-17　俄藏汉文佛经刻
本《注清凉心要》中戴直
脚幞头的文官

图2-18　《高王观世音经》
卷首经图中戴直脚幞头的
文人

图（图2-16）①，画面右侧底部有一位戴直脚幞头人物，穿圆领宽袖长袍，两手似乎持一大卷文书类，是典型的文官形象。黑水城出土俄藏汉文佛经刻本《注清凉心要》（图2-17）②经折装卷首版画《清凉国师澄观答唐顺宗图》中左半部分，在唐顺宗身后的一位文职官员，身穿圆领宽袖襕袍，腰系革带，足蹬乌靴，戴直脚幞头，幞头两脚细长，左右伸直，平如直尺，谢静认为"这也是宋代官员的服饰"③。《注清凉心要》描绘在唐贞元十一年（795年）唐德宗生日时，高僧澄观应召入内殿讲佛经的故事。据说澄观"以妙法清凉帝心"，遂赐号"清凉法师"。中国藏西夏文刻本《高王观世音经》卷首经图（图2-18），画面底部有一头戴直脚幞头、腰系革带的文官形象。文官面前有两男子，一跪姿男子双手被捆绑束缚，后站一持刀剑子手。此故事情节展现的是文官判案的场景。此外，俄藏西夏文《注清凉心要》版画中也有一戴直脚幞头的官员。俄藏和中国藏《妙法莲华经观世音菩萨普门品》版画中都有戴直脚幞头的文官形象。

　　西夏所见上述幞头与宋代直脚幞头形制完全相同。直脚幞头是展脚幞头的一种特殊形式，其特点是两脚窄而长，平直如尺，向外伸展，如图2-19所示。其他形式的展脚幞头，其脚比直脚幞头的脚宽而短。宋人沈括《梦溪笔谈》记载："幞头唐制，唯人主得用硬脚，晚唐方镇擅命，始僭用硬脚。本朝幞头有直脚、局脚、交脚、朝天、顺风，凡五等，唯直脚贵贱通服之。"④据说直脚幞头其脚平直约有二尺，两脚展开，可使臣僚上朝站班时保持一定的距离，以防

---

　　①图见史金波、李进增：《西夏文物·宁夏编》，北京：中华书局、天津：天津古籍出版社，2016年，第4946页。

　　②图见俄罗斯科学院东方研究所圣彼得堡分所、中国社会科学院民族研究所、上海古籍出版社编：《俄罗斯科学院东方研究所圣彼得堡分所藏黑水城文献》④，上海：上海古籍出版社，1997年，第167页。

　　③谢静：《敦煌石窟中西夏供养人服饰研究》，《敦煌研究》2007年第3期，第29页。

　　④[宋]沈括撰，金良年点校：《梦溪笔谈》，北京：中华书局，2015年，第3页。

窃窃私语。如俞琰《席上腐谈》所注："庶免朝见之时偶语。"①直脚幞头始于宋，是宋代时很流行的一种首服，且贵贱通服。中国台北故宫博物院藏宋代卷轴画《宋太祖肖像》（图2-20），图中的宋太祖赵匡胤，头戴直脚幞头，身穿白色圆领博袖长袍，腰系红色革带，足蹬黑色靴子，坐在龙椅上，表情严肃。南薰殿旧藏《历代帝王像》中的宋太祖、宋太宗、宋徽宗等皇帝，大多戴直角幞头。唐宋时期，历代皇帝通戴直脚幞头，但目前尚未见有关西夏皇帝戴直脚幞头的文献资料和艺术形象。

图2-19　宽袖曲领，戴直脚幞头的宋人形象②　　图2-20　宋太祖戴直脚幞头的形象③

五、交脚幞头

中国国家图书馆藏西夏文《现在贤劫千佛名经》卷首画《西夏译经图》（图2-21），描绘的是西夏第三代皇帝李秉常及梁太后设译场翻译西夏文大藏经的场景。画面共刻僧俗人物25身，其中梁太后身后持团扇、金瓜的侍从首服与宣化辽张世卿墓壁画（图2-22）④交脚幞头形制相似。交脚幞头是由朝天幞头演变而来，朝天幞头是由幞头的两脚弯曲上翘而成，弯曲高翘的双脚于头顶互相交叉又形成"交脚幞头"。宣化辽张世卿墓壁画有多幅交脚幞头人物形象。

图2-21 《西夏译经图》
画面右下角交脚幞头线描
图（曾发茂、曾凯临摹）

图2-22 宣化辽张世卿墓壁画中交脚
幞头的形制

图2-23 宏佛塔玄
武大帝图交脚幞头
线描图（笔者绘）

宏佛塔天宫藏彩绘绢质玄武大帝图画面左侧有两位戴交脚幞头人物（图2-23），穿圆领窄袖长袍，其中一人左手抚革带，右手置于胸前，是典型的文官着装。

从形制上来观察，西夏交脚幞头与中原此类幞头有些区别，主要是幞头脚的不同。中原交脚幞头脚窄而细长，两脚于头顶相交呈"V"形。西夏交脚幞头两脚较宽，呈叶片状，有弧度，更显美观。这应该是西夏沿袭中原交脚幞头的基本形制，略有翻新。

六、长脚罗幞头

幞头脚最初是"软脚"，卢肇《逸史·严安之》记有一人的"幞头脚亦如风吹直竖"[1]，正因为幞头为软脚，才能被风吹得直竖。后来幞头脚渐长，称为"长脚罗幞头"，封演撰《封氏闻见记·巾幞》所载："开元中，燕公张说，当朝文伯，冠服以儒者自处。玄宗嫌其异己，赐内样巾子，长脚罗幞头。"[2]可见，长脚罗幞头始于初唐，其特点是脑后两根带子较长，自然垂下，长垂至颈或过肩，或称之为飘带更合适。[3]具体形如图2-24所示。

长脚罗幞头是初唐至中唐时期主要盛行的一类款式。莫高窟第25窟北壁弥

① 李时人编校，何满子审定，詹绪左覆校：《全唐五代小说·外编卷一三·卢肇（外一）·严安之》，北京：中华书局，2014年，第4005页。
② ［唐］封演撰，赵贞信校注：《封氏闻见记校注·巾幞》，北京：中华书局，2005年，第46页。
③ 魏健鹏：《敦煌壁画中幞头的分类及其断代功能刍议》，《艺术设计研究》2013年第2期，第13页。

图2-24 盛唐莫高窟壁画中绘幞头形制　　图2-25 中唐莫高窟第25窟《临终图》

勒经变《临终图》（图2-25）[①]中有三位戴长脚罗幞头人物：画面中心人物是穿白色宽袖袍的临终老者，画面右侧是穿灰色宽袖袍服的男子，画面底部着赭石色宽袖袍服的男子，他们都戴此种款式的幞头。莫高窟第45窟北壁所绘唐开元年间世俗男子均戴长脚罗幞头。另如陕西乾县懿德太子墓《文吏图》中官吏，头上即裹下垂至颈的长脚罗幞头。这种幞头"中唐时两脚渐渐缩短，下垂至肩的已经很少"。[②]

　　从现存资料来看，西夏所见长脚罗幞头图像仅存一幅。俄藏丝质卷轴《玄武图》（图2-26）右上方有两位成道"仙人"，前者为文官，后者为侍从。文官头戴黑色长脚罗幞头，幞头前额绣团花，幞头脚为两条长带，向上飘起，表示飘游于云端。此种幞头与上述唐时长脚罗（纱罗）幞头形制完全一致。幞头脚的两根带子较长，自然垂下，长垂过肩，幞头脚可随风而动。

　　上文所述，西夏境内流行的幞头主要有软脚幞头、硬脚幞头、展脚幞头、直脚幞头、交脚幞头和长脚罗幞头，主要为文官所戴用。从目前现存图像资料来看，西夏软脚、展脚和直脚幞头所见颇多，其他形制相对较少。与中原

图2-26 俄藏西夏丝质卷轴《玄武图》幞头形制线描图（笔者绘）

　　① 中国敦煌扁壶全集编辑委员会：《中国美术分类全集·7·敦煌中唐》，天津：天津人民美术出版社，2006年，第79页。
　　② 李怡、林泰然：《唐代文官常服幞头形制变迁的文化审视》，《吉林艺术学院学报·学术经纬》2013年第1期，第15页。

幞头相比，西夏在形制上基本沿袭中原，但装饰纹样略有创新，如西夏交脚幞头两脚呈宽叶片状，更显美观，并非按部就班沿袭中原服饰文化。

通过对西夏文官幞头的对比和描述，不难看出，西夏文官阶层的帽式深受中原服饰文化的影响。文职官员戴幞头、持笏、身穿圆领窄袖襕袍，足蹬乌靴，这是从隋唐到宋代，逐步完善的中原王朝各级官员的一套服饰。笏板是中国古代官员上朝时随身带的记事牌。幞头、圆领窄袖襕袍、乌靴是从北朝鲜卑族的帻巾、裤褶、乌靴发展而来的一套衣冠服饰，先是平民百姓穿戴。隋时，一般官员当作常服穿戴。初唐时已由常服定为各级官员的朝服和公服。连皇帝闲居时也穿戴这套衣冠，如《步辇图》中的唐太宗李世民，头戴黑色软脚幞头，身穿圆领窄袖襕袍，腰系红色鞓带，足蹬乌皮六合靴。而西夏文职官员戴幞头、持笏，身穿圆领窄袖襕袍，足蹬乌靴，这正是唐宋服式。由此可见，西夏文职官员的服饰基本沿袭了唐宋中原官员的服饰，没有明显的党项民族特点。这说明汉文化在西夏社会已根深蒂固，为缩小文化差别，加速民族融合，增进中华民族的统一，起到了非常积极的作用。

<h2 style="text-align:center">第二节　东坡巾</h2>

一、西夏文官东坡巾

东坡巾不但是受西夏皇帝钟爱的帽子，也是西夏文官阶层普遍流行的一种休闲便帽。文官佩戴东坡巾形象图如下所见。

1.《骑狮子的文殊菩萨》（局部）[①]

《骑狮子的文殊菩萨》（图2-27），画面左下方有一老者头戴东坡巾，内穿交领内衣，外套圆领宽袖长衫，腰间束带，有八字须，右手挂弯竹杖，竹杖稍高于帽顶，两眼平视，若有所思。前揭第一章《东坡立像》（图1-6）苏轼头戴东坡巾，外着交领宽袖长衫，腰间束带，有八字须，右手挂弯竹杖，竹杖稍高于帽顶，两眼平视，若有所思。从绘画构图角度讲，两身人物都是三分之二侧身。两者所戴巾帽的高低和宽窄相同，形制相似，略有不同之处，即《骑狮子的文殊菩萨》中老者所戴东坡巾似有三层，最内层和中间层高度相近，最外层檐最短，高度在内中两层的三分之一处；苏轼所戴东坡巾有内外两层，内筒

[①] 图见俄罗斯国立艾尔米塔什博物馆、西北民族大学、上海古籍出版社编：《俄罗斯国立艾尔米塔什博物馆藏黑水城艺术品》Ⅰ，上海：上海古籍出版社，2008年，图版32，12—13世纪 绢本彩绘X.2447。

高，外檐短，外檐高度在内筒的三分之二处。两幅图比对可知，图中人物的着装和神情相貌极为相似，绘画技法也相同，但《骑狮子的文殊菩萨》中西夏东坡巾在沿袭中原东坡巾形制的基础上稍有变化，即西夏东坡巾比中原东坡巾多一层筒，这使得此帽在视觉效果上更显美观和精致，从中反映出西夏人民在审美情趣方面的升华。

图2-27　《骑狮子的文殊菩萨》中老者像及帽式线描图（笔者绘）

2.《贵人像》①

西夏《贵人像》（图2-28）是一幅文职官员的便服肖像画，这位官员首服为高巾子帽，边缘向上翻，后高前低似在脑后交叉形成元宝状。这幅肖像画和前揭宋代人物画《睢阳五老图》（图1-5）中人物的服饰巾帽、相貌神情相似，可以看出西夏《贵人像》是在临摹宋《睢阳五老图》基础上稍加变化而绘成的。可见不但中原的服饰文化完全被西夏所接受，绘画风格也被西夏所吸纳。

①图见俄罗斯国立艾尔米塔什博物馆、西北民族大学、上海古籍出版社编：《俄罗斯国立艾尔米塔什博物馆藏黑水城艺术品》Ⅰ，上海：上海古籍出版社，2008年，第18页。

图 2-28　西夏贵人像及帽式线描图（笔者绘）

3.《蒿里老人》[1]

"蒿里"又称"蒿里""死人里"，它的产生是中国冥界观念的一大发展，是指人死后在地下的所居之地；而"蒿里老人"是指冥界乡里社会的父老长者。甘肃武威西夏墓出土彩绘木板画《蒿里老人》（图 2-29），据考证是墓主人刘德仁的肖像画，也有学者认为"蒿里老人"并非墓主人，乃是冥界神祇之一。[2]

该肖像画为人物正面画像，人物服饰是西夏文官便服，头戴黑色尖锥状上下两层峨冠，身穿浅色宽边交领长袍，腰束深色长带，右手拄杖，足蹬黑色鞋。人物的帽式为高筒状，墙外有墙，角较锐利，外墙高度只占内墙的三分之二，完全是东坡巾的形制特点。徐庄先生也认为此帽为"东坡帽"，并指出："西夏官员在平时也戴这种据说是由宋代苏东坡所创的冠式。"[3]

① 图见史金波、俄军：《西夏文物·甘肃编》六，北京：中华书局、天津：天津古籍出版社，2014年，第1545页。

② 陈于柱：《武威西夏二号墓彩绘木板画"蒿里老人"考论》，《西夏学》第5辑，上海：上海古籍出版社，2010年，第226页。

③ 徐庄：《丰富多彩的西夏服饰》（连载之一），《宁夏画报》1997年第3期，第31—33页。

图2-29 《蒿里老人》像及帽式线描图（笔者绘）

4. 泥塑高冠供养人①

泥塑西夏高冠供养人像（图2-30），内蒙古自治区额济纳旗达来呼布镇东40公里处古庙遗址出土。此塑像为四分之三侧面像，所戴巾帽为"内外两层、筒高沿短"的东坡帽，方脸，长须，面带笑容；身着长衫，右手上举，左手裹袖内，正襟危坐，神情肃穆，形态逼真。

图2-30 西夏高冠供养人塑像及帽式线描图（笔者绘）

① 图见史金波、塔拉、李丽雅：《西夏文物·内蒙古编》四，北京：中华书局、天津：天津古籍出版社，2014年，第1262页。

5. 敦煌研究所藏西夏文《妙法莲华经·观世音菩萨普门品》

经文中有插图50多幅，画中有五六个官员模样的人物，有戴宋代流行的直脚幞头的文人，也有戴东坡巾的"蒿里老人"。徐庄指出："插图中众多平民，也大多与中原王朝冠饰相似，有戴各式幞头的、裹巾的，也有戴东坡帽、笠帽的。"①

以上展示的主要是西夏文人服饰及首服图像资料，由此可见，西夏文人的东坡巾是从中原承袭而来，与宋式无太大差别。

二、西夏皇帝与文官东坡巾比较

虽然西夏皇帝和文官都喜戴东坡巾，但帝王至尊无上的地位决定其在服饰，包括首服方面的特殊性；两种东坡巾不同之处主要体现在纹饰、材料和形制方面。

首先，装饰纹样不同。西夏皇帝所戴东坡巾极其精致美观。整个帽身沿边都有金线绣饰的植物纹和云纹，并且纹饰做工细致。《皇帝和皇子》中的东坡帽最为典型，皇帝帽身两鬓处绣饰一朵精美、硕大的莲花图案，莲花周围又有植物纹装饰映衬，整个帽身的装饰纹样疏密有致，构图美观。而西夏文官所戴东坡巾基本没有纹样装饰，如《骑狮子的文殊菩萨》中老者像、蒿里老人像、西夏贵人像等，只是简单的一顶帽子而已。

其次，材料、质地方面也不尽相同。文献记载，西夏统治者曾多次向宋朝请求派熟悉丝绸纺织的匠人。西夏政府设织绢院专管织绢事业。《番汉合时掌中珠》中就有绫、罗、绣锦、绢、丝、紧丝、透贝、煮丝、剋丝、彩帛等记载。西夏文《杂字》在"绢"类下列有细线、薄绢、绫罗等14项。西夏汉文本《杂字》中关于纺织方面的词有"绫罗、纱线、匹段、金线、紧丝、透贝、川纱、縠子、线轴、锦贝、剋丝、绢帛、线罗……"等等。②工匠中有结丝匠，可能是编织、纺织工匠；而"销金"，即制作金线编织品。③从《天盛律令》可见，西夏有缫丝、染色、纺织整套生产流程，染色是在纺织过程中完成。由此可知，缫丝、纺线、织绢、染色是西夏纺织业的主要组成部分。作为西夏统治者专设的皇家纺织院，主要是以服务最高统治者为宗旨。因此，就东坡巾而

① 徐庄：《丰富多彩的西夏服饰》（连载之一），《宁夏画报》1997年第3期，第31—33页。
② 史金波：《西夏社会》，上海：上海人民出版社，2007年，第130页。
③ 俄罗斯科学院东方研究所圣彼得堡分所、中国社会科学院民族研究所、上海古籍出版社编：《俄罗斯科学院东方研究所圣彼得堡分所藏黑水城文献》⑥，上海：上海古籍出版社，2000年，第138—139页。

言，西夏皇帝东坡巾帽身所绣图案应该是用金线，并且帽子的质地非普通官员
所能相比的。

其次，形制不同。西夏文官东坡巾基本沿袭了中原汉族传统东坡巾的原有
形制，主体式样是内外两层，外檐比内桶短。西夏皇帝东坡巾除了具有前述这
种传统特点外，其帽顶还有元宝形装饰。

三、西夏东坡巾与中原东坡巾的不同之处

其一，流行范围不同。中原东坡巾主要是在社会中上层较为流行的一种帽
式，是这些文人士大夫闲居赋诗论文、优游宴乐时喜戴的帽子，而其他阶层人
物戴此帽者相对比较少。西夏境内，东坡巾在社会各阶层则普遍流行，上至皇
帝、达官贵人，下至平民百姓。

宋朝皇帝便服首服不戴东坡巾，喜戴幞头，如宋太祖戴直脚幞头，《宋太
祖蹴鞠图》中皇帝戴无脚幞头。西夏皇帝在祭祀典礼、隆重朝会时需戴镂冠之
类，而便服首服则喜戴东坡巾。

其二，帽式形制不同。西夏帝王所戴的东坡巾与中原东坡巾形制相似，但
翻边帽檐的宽度高低形状略有变化，是"东坡巾"的地域性花样翻新。中原东
坡巾形制简单，只有内外两层墙，西夏东坡巾有"双角黑色卷檐"[1]等变化。

其三，装饰纹样不同。无论从文献资料，还是从绘画中的白描人物画、工
笔人物画、写意人物画中来看，中原东坡巾几乎都没有纹饰。在西夏，帝王所
戴的东坡巾纹饰尤其精美细致，如"黑地金绣"[2]"冠上有金色的花纹"[3]。有
云纹、植物花纹或皇帝专用的龙纹、团龙图案。《皇帝和皇子》《西夏皇帝及其
随员像》中帝王所戴的东坡巾做工精美，巾帽的沿边部分都有植物花纹或者龙
纹装饰，且是"金绣""金色"纹，更凸显出帝王的尊贵。

西夏东坡巾基本沿袭中原东坡巾形制，只是在高度及翻边帽檐的宽度、高
低形状上略有变化，是中原"东坡巾"的地域性花样翻新。西夏东坡巾与中原
东坡巾主要不同之处表现在其装饰性，不仅纹样新颖，且镶边饰独具风格，如
一种符号或标记，突出地反映了党项民族的审美与其民族文化的关联。

---

① 谢静、谢生保：《敦煌石窟中回鹘、西夏供养人服饰辨析》，《敦煌研究》2007年第4期，第80—85页。
② 陈育宁、汤晓芳：《西夏艺术史》，上海：上海三联书店，2010年，第274页。
③ 谢静、谢生保：《敦煌石窟中回鹘、西夏供养人服饰辨析》，《敦煌研究》2007年第4期，第80—85页。

四、西夏对中原东坡巾的沿袭及其在西夏社会流行的原因

1033年（宋明道二年，西夏显道二年），元昊在西夏建立政权前对文武百官的朝服、便服和庶民百姓服装样式及颜色制定了严格的制度："文资则幞头、靴笏、紫衣、绯衣；武职则冠金帖起云镂冠、银帖间金缕冠、黑漆冠，衣紫旋襴，金涂银束带，垂蹀躞，佩解结锥、短刀、弓矢韣，马乘鲵皮鞍，垂红缨，打跨钺拂。便服则紫皂地绣盘球子花旋襴，束带。民庶青绿，以别贵贱。"[①]西夏文官首服幞头，"幞头"是由幅巾、包首或燕巾演变而成。五代起始，到宋代发展成各类幞头，亦是宋朝文官的朝服首服。从中看出，西夏文官的朝服多因袭唐宋，而武职的服装却颇有民族特色，与中原服饰不同。这大概是由于西夏建立政权初期文官中汉族人居多，而武职中则以党项人为主的缘故。

《天盛律令》对各级官员便服首服的形制并没有严格的法律规定。西夏初期文官汉族人居多，他们除了上朝议事时必须依制度"服朝服、首服幞头"外，闲居时则喜用脱戴方便的东坡巾，崇尚苏轼这种自然高雅的学士文人的风度之美。

上述《西夏皇帝及其随员像》《蒿里老人》《普贤菩萨和供养人》等作品大多效仿中原地区的工笔人物画技法，常用中国画的游丝描、铁线描、柳叶描等线描技法勾勒人物形象；从对人物着装的描绘上来看，人物服饰也深受中原服饰文化的深刻影响。就东坡巾而言，西夏在中原东坡巾的基础上制定只不过是在审美上有所创新而已，且做工更加精致和美观些。可以说，西夏时期的党项族基本上全面地效仿了中原的服饰文化。

东坡巾在西夏社会流行，原因有如下几点：

第一，汉族士大夫入仕西夏。从图像资料看出，戴东坡巾的西夏官员无论从长相特征还是从着装上，都是中原士大夫的形象。这是因为党项族内迁后，"番、汉杂处"[②]，西夏统治者深感要发展壮大，仅靠自己原有的经验已远远不够，需要吸纳更多汉族官员为其服务，因此汉族人入仕西夏者甚多。来源主要为宋、夏两军交战中被西夏擒获的汉人俘虏，其中有学识、有才能者被委以重任；自愿投降西夏的汉官，多为仕途不顺、不被宋朝重用者，如著名的张浦、张元、吴昊等数人，"举子不第，贫贱无归，自投于彼（西夏）"[③]。这批汉族

---

① [元] 脱脱等撰：《宋史·夏国传》上，北京：中华书局，1985年，第13993页。
② [清] 周春著，胡玉冰校补：《西夏书校补》，北京：中华书局，2014年，第74页。
③ [宋] 李焘撰：《续资治通鉴长编》，北京：中华书局，2004年，第2926页。

官员为数不少，他们在西夏广泛受到尊重，被西夏尊为"贵宾"。这些士大夫原来的生活习惯也深刻影响着西夏社会文化。

第二，民族交流和融合。在西夏政权存续的年间，境内的党项、汉、吐蕃、回鹘等民族交流融合，西夏服饰也受其他民族服饰文化的影响。如西夏卷轴画《不动明王图》中三眼四臂的不动明王，腰间束一条虎皮围裙，"贵虎豹皮"便是吐蕃衣饰习俗。《宋史·吐蕃传》中记载：其俗"贵虎豹皮，用缘饰衣裘。"①西夏党项族贵族妇女常戴莲蕾形金珠冠、桃形金冠；普通妇女和侍女梳桃形发髻，受到回鹘贵族妇女、侍女冠饰的影响，回鹘王妃、天公主、贵族妇女都戴此种冠饰。但是其中博大精深的汉文化在西夏社会影响最大，使得中原服饰文化蔚然成风。

第三，"窃慕中国衣冠"的西夏服饰制度。西夏文化是在唐、宋文化的滋养下发展起来的。北宋大臣富弼称西夏是"得中国土地，役中国人力，称中国位号，仿中国官属，任中国贤才，读中国书籍，用中国车服，行中国法令，……皆与中国等。"②这说明当时西夏王朝对中原文化及制度的学习是全方位的。内迁后的党项族，由于与中原王朝频繁接触，汉族服饰逐渐被党项人所接受，西夏太宗德明曾深有感触地说："吾族三十年衣锦绮，此宋恩也。"③景宗元昊时对文武百官的朝服、便服和庶民百姓服装颜色制定了严格的制度："文资则幞头、靴笏、紫衣、绯衣；武职则冠金帖起云镂冠、银帖间金镂冠、黑漆冠，衣紫旋襕，金涂银束带，垂蹀躞，佩解结锥、短刀、弓矢韣，马乘鲵皮鞍，垂红缨，打跨钹拂。便服则紫皂地绣盘球子花旋襕，束带。民庶青绿，以别贵贱。"④借鉴的就是中原王朝的服饰制度。毅宗谅祚"窃慕中国衣冠"，主张"去蕃礼，从汉仪"⑤。乾顺、仁孝两位皇帝是汉文化的积极倡导者。在服饰方面，尤其是西夏皇帝和皇后服饰与中原宋朝皇室相差无几，如宋王朝皇帝专用的黄色龙袍和通天冠已被西夏统治者所借鉴。西夏法典对西夏官员、僧道、民庶的服饰有严格的限制，《天盛律令》规定：御用服饰的颜色、图案官民士庶不得冒用，僧俗男女禁穿石黄、石红、杏黄、绣花、饰金，有日月及原已纺织中有一色花身，有日、月及杂色衣上有团身龙，禁止官民女人冠子上插

① [元] 脱脱等撰：《宋史·吐蕃传》，北京：中华书局，1985年，第14163页。
② [宋] 李焘撰：《续资治通鉴长编》，北京：中华书局，2004年，第3640—3641页。
③ [元] 脱脱等撰：《宋史·夏国传》上，北京：中华书局，1985年，第13993页。
④ [元] 脱脱等撰：《宋史·夏国传》上，北京：中华书局，1985年，第13993页。
⑤ [元] 脱脱等撰：《宋史·夏国传》上，北京：中华书局，1985年，第14001页。

以真金之凤凰龙样等饰物。①从这些规定可看出，西夏皇帝、皇后服色已为黄色，上有团身龙及日、月图案，皇后等皇族妇女头饰有凤凰龙样，亦是对中原服饰文化的因袭。

东坡巾是西夏服饰受汉化影响的一个典型案例，说明其变易与流行。西夏社会对中原文化的学习和利用是因地制宜的，是在地域文化基础之上的再创新。

<h2>第三节　笼冠</h2>

图2-31　宁夏山嘴沟西夏石窟人物冠式线描图

宁夏山嘴沟西夏石窟中有一幅作品，在最早公布的考古资料《山嘴沟西夏石窟》中被定名《讲经图》（图2-31）。该图被描述为"有人物3身。……居中为一位墨线勾勒的高僧，头戴冠，身穿交领宽大长袍，腰束带，端坐于矮凳之上。左手放置腹前，右手当胸，手持经卷，似乎在讲解经文。其前有矮案，案上放香炉，炉中香烟缭绕。"②但任怀晟先生认为，此尊者应该是世俗官员，讲经一说应不成立，尊者所戴并非僧帽，而是武弁冠，即笼冠。③宁夏宏佛塔出土《玄武大帝图》中的人物所穿服饰与唐宋文职官员的着装相似，所戴冠式形似宋代文官的笼冠。画面右侧一人穿红色交领窄袖袍服，左手抚红色革带，右手被其前面人物高高挽起的发髻遮挡。这种"左手抚革带"的姿势在唐宋时期王公大臣的肖像画中比比皆是，成为那一时期人物肖像画的固定程式。

笼冠又有"武弁冠""建冠""武弁"等异名。《晋书·舆服志》称："武冠，一名武弁，一名大冠，一名繁冠，一名建冠，一名笼冠，……左右侍臣及诸将军武官通服之。"④其形制为平顶筒形状，漆纱为之，两侧有耳垂下，戴时

① 史金波、聂鸿音、白滨译注：《天盛改旧新定律令》，北京：法律出版社，2000年，第282页。
② 图见宁夏文物考古研究所：《山嘴沟西夏石窟》上，北京：文物出版社，2007年，第10页。
③ 任怀晟、杨浣：《西夏官服研究中的几个问题》，《西夏学》第九辑，上海：上海古籍出版社，2013年。
④〔唐〕房玄龄等撰：《晋书·舆服志》，北京：中华书局，1974年，第767页。

图2-32 唐李贤墓壁画　　　　图2-33 宋或元初《卤簿　　图2-34 宋《中兴
中的笼冠　　　　　　　　　图》中的骑士　　　　　祯应图》中人物像

罩于巾帻或小冠之外，下用丝带缚紧。因用漆纱制成，亦叫漆纱笼冠，亦名漆纱笼巾。官吏、文士、平民、男女皆可戴这种笼冠，其形象多见于魏晋南北朝时期的绘画、墓俑。如东晋顾恺之《洛神赋图》中曹植的随从、侍臣、侍者皆戴此种漆纱笼冠；顾恺之《女史箴图》中的轿夫、河北景县北朝封氏墓出土的女官亦戴漆纱笼冠。[①]此冠本系胡服。相传始于战国赵武灵王时期，原为武士冠戴，《太平御览》卷六八五引《三礼图》："武弁，大冠也。士服之。"[②]至隋唐时文武百官、侍臣从戎皆用，唯以冠上饰物为别。帝王从戎也可戴之。[③]唐李贤墓壁画中的人物即戴此冠（图2-32）[④]。宋、元、明诸代仍有其制，及至宋代，笼冠之制则为笼巾所代替。李贤墓壁画武弁形制、中国历史博物藏《卤簿图》（图2-33）中之骑士和宋人绘《中兴祯应图》（图2-34）[⑤]人物所戴武弁与宁夏山嘴沟西夏石窟中所见冠式更为接近。明亡之后其制无存。

　　西夏武职人员也戴笼冠。据上述可知，笼冠从战国始创发展至明，形制上经过了多次改制，历朝历代的佩戴阶层也不尽相同，帝王、侍臣、文官武职皆可戴笼冠。西夏沿袭了中原习俗，戴笼冠者既有文官，也有武职。

① 谢静：《敦煌石窟中的少数民族服饰研究》，兰州：甘肃教育出版社，2016年，第27页。
② ［梁］萧绎撰，许逸民校笺：《金楼子校笺》，北京：中华书局，2011年，第1162页。
③ 周汛、高春明：《中国衣冠服饰大辞典》，上海：上海辞书出版社，1996年，第43页。
④ 图见周锡保：《中国古代服饰史》，北京：中国戏剧出版社，1986年，第182页。
⑤ 图见周锡保：《中国古代服饰史》，北京：中国戏剧出版社，1986年，第332页。

小　结

　　西夏文人阶层的帽式，主要有幞头和东坡巾。幞头是西夏法典规定的文官朝服首服，东坡巾则属于便服首服。西夏建立政权后，元昊在制定职官制度时，将由宋投奔而来的一些汉族文人如张元、吴昊等委以重任，参与了国家制度的制定，他们对朝服的定制也产生了影响。从文献和图像看，文职官员戴幞头、持笏、身穿圆领窄袖襕袍，足穿乌靴，这是从隋唐到宋代，逐步完善的中原王朝各级官员的一套服饰。笏板是中国古代宰官、大臣上朝随身带的记事牌。幞头、圆领窄袖襕袍、乌靴是从北朝鲜卑族的帻巾、裤褶、乌靴发展而来的一套衣冠服饰，先是平民百姓穿戴。隋朝时，一般官员当作常服穿戴。初唐时已由常服变为各级官员的朝服和公服。连皇帝闲居时也穿戴这套衣冠，如《步辇图》中的唐太宗李世民就头戴黑色软脚幞头，身穿圆领窄袖襕袍，腰系红色鞓带，足穿乌皮六合靴。而西夏文职官员戴幞头、持笏、身穿圆领窄袖襕袍，足穿乌靴，这正是唐宋服式，可见西夏文职官员的服饰基本沿袭了唐宋中原王朝官员的服饰，已没有明显的党项民族特征。

第三章　武职帽式

　　首先要说明的是，本文所言"武职"，是一个广义的概念，包括有官职的武将和没有官职的普通士兵。

　　元昊于1033年建立西夏衣冠制度，规定："……武职则冠金帖起云镂冠、银帖间金镂冠、黑漆冠，衣紫旋襕，金涂银束带，垂蹀躞，佩解结锥、短刀、弓矢韣，马乘鲵皮鞍，垂红缨，打跨钹拂。便服则紫皂地绣盘球子花旋襕，束带……"[1]《续资治通鉴长编》《辽史·西夏外纪》和《隆平集》也有类似记载。

　　对于西夏武官所戴头冠，学术界已有诸多关注，但学者们对此定名并不一致。以安西榆林窟第29窟西夏武官供养人像为例，陈炳应先生、徐庄先生均认为是"起云镂冠"[2]，段文杰先生认为是"金贴起云镂冠或银帖间金冠"[3]，王静如先生认为是"金镂英雄冠"[4]，谭蝉雪先生则认为是"金锦暖帽"[5]。这些冠名都是仅见于传世史籍和西夏文文献中的西夏头冠名词，但其形制并不十分清楚，故学者们会有不同的判断是很正常的。

　　任怀晟先生从西夏武职首服的贵重程度方面，分析探究其反映的等级情况，认为西夏武职官服冠可分为：金冠、金缕贴冠、金帖起云镂冠、金帖镂冠、银帖间金镂冠、金帖纸冠、间起云银帖纸冠、间起云银纸帖冠、黑漆冠。从"冠"的贵重程度可以分为四大类，首先为"金冠"，其次为"'金缕贴冠、金帖起云镂冠、金帖镂冠、银帖间金镂冠'的贴金、镂金、金缕、金起云工艺的冠"，再次为"'金帖纸冠、间起云银帖纸冠、间起云银纸帖冠'的各

　　① [元]脱脱等撰：《宋史·夏国传》上，北京：中华书局，1985年，第13993页。
　　② 陈炳应：《西夏文物研究》，银川：宁夏人民出版社，1985年，第51页。徐庄：《丰富多彩的西夏服饰》（连载之一），《宁夏画报》1997年第3期。
　　③ 段文杰：《榆林窟的壁画艺术》，载《中国石窟·安西榆林窟》，北京：文物出版社，1997年，第174页。
　　④ 王静如：《敦煌莫高窟和安西榆林窟中的西夏壁画》，《文物》1980年第9期，第52页。
　　⑤ 谭蝉雪：《敦煌服饰画卷》，《敦煌石窟全集》第二十四卷，香港：香港商务印书馆，2005年，第214页。

种纸冠",最后为"黑漆冠"。①

谢静、尚世东先生也认为:西夏武官的冠饰,按材质分为金冠、银冠和黑漆冠。金冠有:金帖镂冠、金帖起云镂冠、金帖纸冠。银冠有:银镀金冠、银贴间金镂冠、间起云银帖冠。按样式又分为起云镂冠和不起云镂冠两种,这是依照武官的级别而划分的。②

由于没有文献和图像资料能够互相印证西夏武官冠戴的具体形制,故此,综合上述诸学者的观点和笔者收集整理的资料,本文将西夏武官首服分为镂冠、黑漆冠、武弁、盔帽四大类。

第一节 镂冠

西夏艺术品中有许多官员图像资料,其中戴"镂冠"武官形象多处可见。

《西夏译经图》(图3-1)描绘了西夏翻译西夏文《大藏经》官设译场的庄严场景。画面左右有助译者16人,其中后列8位世俗人物均头戴云镂冠、着圆领或交领袍,为西夏武官形象。《西夏译经图》是一幅珍贵且精美的版画,其艺术价值和学术价值极高,史金波先生撰文《〈西夏译经图〉解》,对译经图中辅助译经的8位僧人上方的西夏文款识及姓名分别做了汉译。史先生认为这些西夏文款仅是8位僧人的姓氏,而"后排的八个世俗人未列姓名"③。因此,

图3-1 《西夏译经图》中的武职帽式(曾发茂、曾凯临摹)

---

① 任怀晟、杨浣:《西夏官服研究中的几个问题》,《西夏学》第九辑,上海:上海古籍出版社,2013年。

② 谢静:《敦煌石窟中的西夏服饰研究之二——中原汉族服饰对西夏服饰的影响》,《艺术设计研究》2009年第3期,第47页。尚世东、郑春生:《试论西夏官服制度及其对外来文化因素的整合》,《宁夏社会科学》2000年第3期,第107页。

③ 史金波:《〈西夏译经图〉解》,《文献》1979年第1期,第215—219页。

我们也就无法依据"姓名"这条线索判断8位世俗助译者的身份和地位。由于其腰部以下着装被前排僧人头像遮挡，无法看到是否围抱肚、佩解结锥或短刀，但据图像观察，再结合文献记载分析，后排这8位世俗助译者所戴应为"金镂冠"或"云镂冠"，与腰围抱肚、腰间有佩饰的俄藏《梁皇宝忏图》（图3-2）中武官冠戴相似。

图3-2 俄藏《梁皇宝忏图》武职官员镂冠线描图

对于《西夏译经图》中8位世俗助译者的身份，谢静认为他们是文职官员，理由是"参加翻译佛经的官员应是文职官员。"[1]言外之意是：在译经这样的场合，武职是不参与的。史金波先生在《〈西夏译经图〉解》中也并未探讨八位世俗助译者的身份。另外，段岩、彭向前撰写《〈西夏译场图〉人物分工考》[2]一文，依据《宋会要辑稿》《佛祖统纪》中关于宋代译场的记载，首次对《西夏译经图》中的人物分工做了考察，但并未考证8位世俗人物的身份地位。虽然学界未对这8位世俗助译者的身份进行专门讨论，但其所戴镂冠与文献记载西夏武职"冠金帖起云镂冠、银帖间金镂冠"相符，与俄藏《梁皇宝忏图》（图3-2）[3]、《高王观世音经》（图3-3）卷首版画中的武职镂冠形制相似，三者的共同特点是其冠戴均为尖圆顶的镂空工艺。笔者推测，《西夏译经图》中这8位世俗助译者可能是武职官员。

俄藏《梁皇宝忏图》中皇帝身边的男侍从秃发，殿前官员为西夏武官着装，腰围抱肚，头戴镂刻有云纹状的冠式，冠后垂两条深色长带。腰间似有佩饰，可能是解结锥和短刀或佩鱼。版画中人物除高僧外的男女人物均穿着西夏党项人服饰，有秃发男侍、高髻插花黑靴女侍，画面民族特色表现充分。抱肚，是古代武人着装的主要特征之一。宋代，绣抱肚是将帅、士卒普遍采用的服饰。腰围抱肚且头戴镂冠，与文献记载的西夏武职服饰相吻合，说明俄藏

① 谢静：《敦煌石窟中西夏供养人服饰研究》，《敦煌研究》2007年第3期，第29页。
② 段岩、彭向前：《〈西夏译场图〉人物分工考》，《宁夏社会科学》2015年第4期，第132—136页。
③ 图见曲小萌：《榆林窟第29窟西夏武官服饰考》，《敦煌研究》2011年第3期，第60页。

《梁皇宝忏图》殿前站立的官员为武职
身份。

俄藏汉文《高王观世音经》（图3-
3）①中男供养人头戴尖顶起云镂冠。冠身
似有植物纹或云纹镂空纹饰；冠身两鬓处
有单独的两片云纹状饰物，应是文献中记
载的"起云镂"装饰；冠边沿有带结于颈
部。人物身着圆领窄袖裥袍，腰围抱肚，
手持香炉。服饰与榆林窟第29窟南壁门
东侧的男供养人画像相似，从服饰样式推
测，此人应为西夏高级武官。②

俄藏《比丘像》（图3-4）③保存良
好，人物服饰色泽鲜艳，有助于研究西夏
服饰文化。男供养人头饰为金帖起云镂
冠。冠身为明显的云纹和植物纹镂空装
饰；冠身两鬓处亦有两片单独的云纹饰
片，这应是文献记载的"起云镂"的标
志。人物身着绯色圆领袍服，腰束白底黑
边抱肚，抱肚由宽带连接，腰带上饰有白
色联珠纹。陈育宁、汤晓芳先生指出：
"仅从人物冠戴和服饰的颜色可以判断，
此人无疑是身份很高的武职官员。④"

图3-3　《高王观世音经》中男供养人帽式
线描图（笔者绘）

图3-4　《比丘像》中男供养人帽式
线描图（笔者绘）

---

①图见俄罗斯科学院东方研究所圣彼得堡分所、中国社会科学院民族研究所、上海古籍出版社编：《俄
罗斯科学院东方研究所圣彼得堡分所藏黑水城文献》③，上海：上海古籍出版社，1996年，第36页。

②陈育宁、汤晓芳：《西夏艺术史》，上海：上海三联书店，2010年，第275页。

③图版见俄罗斯国立艾尔米塔什博物馆、西北民族大学、上海古籍出版社编：《俄罗斯国立艾尔米塔什博
物馆藏黑水城艺术品》Ⅱ，上海：上海古籍出版社，2012年，图版173。

④陈育宁、汤晓芳：《西夏艺术史》，上海：上海三联书店，2010年，第275页。关于俄藏黑水城艺术品
《比丘像》中的男供养人服饰及其身份，以往学界通常将此供养人身份认为是西夏武官。笔者注意到，《比丘
像》中男女供养人可谓"全身饰金"，这种现象在西夏艺术品中是极少见的。男供养人头戴金帖起云镂冠，衣
领、衣袖、腰间抱肚和垂带均为饰金工艺；女供养人头戴金珠冠，冠身饰满金色小珠，身穿织金团花的绯色
长袍。二人服饰色彩鲜艳，华贵富丽，做工考究。据衣饰来看，二人身份并非官员及家眷，应是西夏的某位
皇帝及后妃。任怀晟先生也注意到这一问题，他指出："与榆林窟第29窟西夏供养人相比，《比丘像》女供养
人窄袖红衣上饰有金花，男供养人的带和垂裙都为黄色，而榆林窟第29窟赵氏男供养人服装上没有销金纹
样，这意味着《比丘像》男女供养人的身份应该高于榆林窟第29窟赵氏家族成员，因此，《比丘像》男女供
养人有可能是皇室成员。"（任怀晟、魏亚丽：《西夏武职服饰再议》，《北方文物》2016年第2期，第83页。）

图3-5　榆林窟第29窟东壁南侧国师身后武职服饰及赵麻玉冠帽复原线描图

　　安西榆林窟第29窟（图3-5）[1]绘制了众多西夏供养人画像，保存较为完整清晰。有国师、僧人、尼姑、武官、贵妇、儿童、男女侍从等。其中武官形象居多，对于研究西夏武官服饰具有重要参考价值。此窟有上下两排西夏武官供养人像，头部前侧均有西夏文题记，史金波、白滨二位先生曾对这些题记全部做过释读翻译。[2]又据陈炳应先生对该窟供养人像题名的识读和解释，认为其中上排第一身为"真义国师信毕智海"[3]，二身为"沙州监军摄受赵麻玉"，此人在莫高、榆林二窟现存供养人像中属职务较高者，故其前有"真义国师"导引；紧随其后的第3身为"□内宿御史司正统军使趣赵"，可能应译为"□内宿御史司正统军刺史"；第四身为"儿子御宿军讹玉"，是军士。下排第1身和第2身分别为"瓜州监军……""施主长子瓜州监军司通判纳命赵祖玉"[4]。榜题西夏文表明，其身份均是西夏武官、军士，且具有比较明确的官衔，所着衣冠服饰比较清晰，服饰特征为：头戴云镂冠，冠后垂红结绶；穿圆领窄袖袍，高开衩，下摆有褶皱，腰围饰宽边绣花护髀，护髀两头有宽束带，在腹前打结并下垂与袍齐；足蹬乌靴。

　　因瓜州东千佛洞第5窟剥落严重，所见西夏男供养人大多头部残缺，头冠形状不易辨识；北壁东端几身供养人画像隐约可见似戴白色头冠，东壁北侧前

　　① 图见敦煌研究院编：《中国石窟·安西榆林窟》，北京：文物出版社，2012年，图版116。线描图采自曲小萌：《榆林窟第29窟西夏武官服饰考》，《敦煌研究》2011年第3期，第59页。
　　② 史金波、白滨：《莫高窟、榆林窟西夏文题记研究》，《考古学报》1982年第3期，第367—386页；后收入白滨编：《西夏史论文集》，银川：宁夏人民出版社，1984年，第416—451页。
　　③ 旁有西夏文题款，又译为"真义国师西壁智海"，信毕、西壁即"鲜卑"，是西夏番姓之一。
　　④ 陈炳应：《西夏文物研究》，银川：宁夏人民出版社，1985年，第12、22页。

7 身供养人均可辨，戴形状相似的白色头冠，其中第
2、第6身供养人像头冠比较完整清晰①，线描图示见
图3-6②，头冠、服饰与榆林窟第29窟西壁南侧上排
西夏鲜卑智海身后第2、第3身西夏武官男供养人的
头冠、服饰类似。这种"白色头冠"可能就是史籍
中所记载的"银帖间金镂冠"。他们的头冠没有榆林
窟第29窟前2身西夏武官头冠那么多的装饰部件，
腰间也没有表明西夏武官身份的抱肚，似乎表明其
地位低于榆林窟者，他们可能属于西夏下级武官。③

图3-6　东千佛洞第5窟东壁
北侧男供养人帽式线描图

　　从图像资料看出，首服"冠金帖起云镂冠，银
帖间金镂冠"是西夏武职服饰中具有民族特色的标
志。这些人物形象和史书上的文字记载基本吻合。
而腰围有带宽边的绣抱肚，抱肚连接有宽带束在腹前，并下垂与袍齐，腰束
带，足穿乌靴，这些特征也显示出西夏周边民族、尤其是中原王朝服饰风格。

第二节　黑漆冠

　　史籍中仅载西夏武职冠"金帖起云镂冠、
银帖间金镂冠、黑漆冠。"④所记甚略，至于
"黑漆冠"的质地和形制则不得而知。

　　从图像观察，榆林窟第29窟西夏武官供
养人像应分为两类：第一类是上排第2、第3
身，下排前3身供养人，他们均戴尖圆顶的头
冠，此冠的前后左右侧都有附加的华贵繁缛
的装饰件，应是史籍所载的"起云镂冠""金
镂冠"。第二类是上排第4身男供养人，戴黑
冠，无云镂装饰，穿窄袖圆领袍，腰无护

图3-7　榆林窟第29窟东壁南侧第
三身男供养人帽式线描图（笔者绘）

---

①图见张宝玺：《瓜州东千佛洞西夏石窟艺术》，北京：学苑出版社，2012年，第50、51页。
②图见张先堂：《瓜州东千佛洞第5窟西夏供养人初探》，《敦煌学辑刊》2011年第4期，第49—59页。
③张先堂：《瓜州东千佛洞第5窟西夏供养人初探》，《敦煌学辑刊》2011年第4期，第49—59页。
④[元]脱脱等撰：《宋史·夏国传》上，北京：中华书局，1985年，第13993页。

髀。^①这里的"黑冠"可能就是史籍记载的"黑漆冠"（图3-7，原图见图3-5）。此冠为尖圆顶状，似以布帛或漆纱为之，冠身平滑，无镂空或起云纹装饰。冠后垂带。

图3-8　瓜州东千佛洞第2窟甬道南壁供养人线描图

　　瓜州东千佛洞第2窟甬道南壁6身供养人（图3-8）^②，可以看清形象的有前4身，他们均头戴尖圆形头冠，也无云镂装饰，冠后垂带，与榆林窟第2窟西夏武官（图3-9）^③冠戴形制相近，身穿圆领窄袖紫旋襕，腰围抱肚。本窟男女供养人身前界栏中均有西夏文题名，但多漫漶不易识读，唯南壁6身供养人中第3身显一部分字迹，译文为"行愿者□□□□/边检校□□□□/"。"边检校"是西夏武官官名，主要职责就是防守敌寇、盗贼入侵，保护边疆安全，属西夏中级武官。瓜、沙二州位于西夏西部边陲，故设边检校之职。综观本壁6身男供养人画像，身材有由高到低的等级变化，第3身供养人的官职是中级武官边检校，至尊者列于首位，第1身

图3-9　榆林窟第2窟西夏武官帽式线描图

　　① 敦煌研究院编：《中国石窟·安西榆林窟》，北京：文物出版社，2012年，第116—119图。前文已述此供养人为武职身份。
　　② 图见张宝玺：《瓜州东千佛洞西夏石窟艺术》，北京：学苑出版社，2012年，第70页。
　　③ 图见王静如：《敦煌莫高窟和安西榆林窟中的西夏壁画》，《文物》1980年第9期，第51页。

供养人显然要高于此官职，可惜题名已漫漶不清，官职不明。供养人身份表明该窟是西夏社会地位较高的地方中上级武官所作的功德窟。

两者比较，东千佛洞第2窟甬道南壁男供养人的衣冠服饰与榆林窟第29窟西壁门南侧西夏男武官供养人颇为相似，他们均头戴尖圆形冠，身穿圆领窄袖紫旋襕。但他们的头冠上没有榆林窟里西夏武官头冠上华贵的装饰件，显示此窟人物比榆林窟第29窟西夏武官身份低。

瓜州东千佛洞第2窟甬道南壁西侧画像剥落严重（图3-10）[1]，经仔细分辨，西起前3身为男性，均着白色圆领窄袖长袍，腰间束带，头部残缺，看不清楚头冠的形状。但据图像观察，再与前述榆林窟第29窟和榆林第2窟男供养人服饰着装等比较来看，应为武官形象。[2]

瓜州旱峡石窟西夏武官形象右壁窟角处画一列男供养人，现存13身，其形象多已漫漶不清。仔细分辨图像，前面有僧人引导，男供养人着圆领袍服，腰系带，长带下垂腿际，与榆林窟和瓜州东千佛洞西夏武官服饰相近，是武官的一般装束。每身前有红色题名界栏，一身约现西夏文字迹，余者皆字迹模糊不清，或者没有写文字。[3]

上述黑水城卷轴画、版画、敦煌石窟等有关西夏艺术品中出现的武官服饰和《宋史·夏国传》中"武职则冠金帖起云镂冠、银帖间金镂冠、黑漆冠、衣紫旋襕，金涂银束带，垂蹀躞"的文字记载基本相符，是西夏典型的民族特色服饰。

西夏武职"镂冠、黑漆冠"形制、材质不同，也反映了武职人物的身份、

图3-10　瓜州东千佛洞第2窟甬道南壁西侧供养人线描图示

---

① 图见张先堂：《瓜州东千佛洞第5窟西夏供养人初探》，《敦煌学辑刊》2011年第4期，第59页。
② 张先堂：《瓜州东千佛洞第5窟西夏供养人初探》，《敦煌学辑刊》2011年第4期，第49—59页。
③ 张宝玺：《瓜州东千佛洞西夏石窟艺术》，北京：学苑出版社，2012年，第307页。

地位和官职的不同。主要表现在以下三个方面：第一，中国古代人物画像资料中，一般都是按人物的身份和地位进行构图，凡是身份尊贵者形象都比较高大，且占据画面的主要位置，如《步辇图》中唐太宗和吐蕃侍者的形象就形成鲜明对比。西夏也不例外。西夏人物画像资料，尤以榆林窟第29窟供养人为典型事例，第一身男供养人形象高大，其身后的供养人形体次第减小，说明人物身份、地位、官职随之依次降低。第二，据文献记载，西夏武职"冠金帖起云镂冠、银帖间金镂冠、黑漆冠"，从中国人的心理习惯和社会常识方面分析，这种文字表述方式说明戴"金冠"者地位最高，戴"银冠"者次之，而戴黑漆冠者地位最低。对于西夏武职人员的冠式材质及其反映的等级情况，任怀晟先生有较为深入的研究，认为金冠最为贵重，戴此类冠者官位自然最高，其次是贴金和金质镂冠，再次为金帖、银帖的各种纸冠，最后为黑漆冠。[1]

总之，西夏武职戴金冠的比戴银冠的级别高；同一级别中戴起云冠的比没有起云纹样的级别高；戴金镂冠、云镂冠者比戴黑漆冠者级别高。

第三节 帽盔

盔，是古代将士用以保护头部的铠甲，即"首铠"。古称胄，为圆帽形，左右两边及后脑部分向下延伸，用以保护耳、面颊和后颈部分。盔的顶部一般都有竖立的铜管，用于安插羽毛等缨饰。[2]

盔帽历代呈多种风格，西夏所见形制大致有两类：

第一类为甘肃省武威市西郊林场西夏墓出土的四块木板画中武士所戴鸟羽形帽盔（图3-11、3-12、3-13、3-14）。[3]

李肖冰在《中国西域民族服饰研究》指出："此帽盔头部呈尖角形鸟羽状，两侧形成鸟羽半圆状的装饰物，既对称又和谐，盔帽连顿护颈，仅露出面部。"[4]据描述，这可能就是唐武士俑所戴的形制。周锡保在《中国古代服饰史》中提及："……又唐武士俑中有戴盔者，往往亦有在两旁各添作翅形者，

①任怀晟、杨浣：《西夏官服研究中的几个问题》，《西夏学》第九辑，上海：上海古籍出版社，2013年。

②杜钰洲、缪良云：《中国衣经》，上海：上海文化出版社，2000年，第149页。

③图版3—11、3—12见史金波、塔拉：《西夏文物·甘肃编》，北京：中华书局、天津：天津古籍出版社，2014年，第1563—1569页。图版3—13、3—14见汤晓芳：《西夏艺术》，银川：宁夏人民出版社，2003年，第45页。

④李肖冰：《中国西域民族服饰研究》，乌鲁木齐：新疆人民出版社，1995年，第212页。

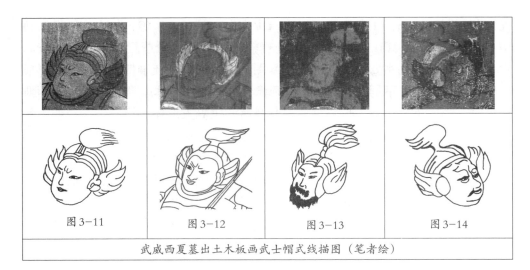

图3-11   图3-12   图3-13   图3-14

武威西夏墓出土木板画武士帽式线描图（笔者绘）

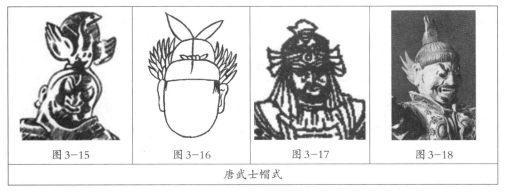

图3-15   图3-16   图3-17   图3-18

唐武士帽式

当时可能只是表示其有飞快之意……。"（图3-15、图3-16）①张书光《中国历代服装资料》也收录有唐代戴翅形盔帽武将形象（图3-17）。②图3-15鸟羽状装饰在盔帽顶部，这种造型不多见；后两者鸟羽状装饰在两耳背后，此造型在唐五代时期最为流行。杜钰洲、缪良云《中国衣经》称其为"凤翅盔"，此乃晚唐时期的头盔，主要特点是两侧有凤翅形的装饰。是唐、宋时期十分流行的头盔。在出土的唐代至辽代各朝文物中，均可看到戴这种凤翅盔的武士俑。③

此外，新疆吐鲁番阿斯塔那古墓中出土彩绘木俑中，（图3-18）④穿绢布甲

---

① 图见周锡保：《中国古代服饰史》，北京：中国戏剧出版社，1986年，第186页。
② 图见张书光：《中国历代服装资料》，合肥：安徽美术出版社，1990年，第106页。
③ 杜钰洲、缪良云：《中国衣经》，上海：上海文化出版社，2000年，第150页。
④ 图见臧迎春：《中国传统服饰》，北京：五洲传播出版社，2003年，第84页。

的唐代武士所戴盔帽与西夏武威木板画武士两耳鸟羽状盔帽形制极为相似。晚唐的盔顶开始用大朵红缨做装饰，盔的左右两侧、后脑部开始向下延伸至耳轮下，两侧出现了凤翅形的装饰。这种式样的盔和唐中期护颊、护项向上翘起的盔，为后来的五代和宋、西夏、辽竞相模仿。[1]武威博物馆所藏西夏墓出土的这四块木板画中的武士脸分别侧向左或右边，所戴盔帽两侧两耳处有飞翅形，盔顶亦用大朵红缨子装饰。身穿宽袖战袍，肩披掩膊，臀、胸、腹有甲片保护、脸型有的是汉人形象，有的是胡人形象，分别手执宝剑、月牙铲、三叉戟或拱手。1983年，内蒙古阿拉善盟额济纳旗黑水城遗址出土的一件白釉武士造像（图3-19）[2]，戴鸟羽状盔帽，身穿铠甲，颈系飘巾，双肩垂幔，甲胄上下系带。头部以外脱釉严重，双手双腿残损。其盔帽造型与武威西夏墓木板画武士帽盔的造型尤为相近，可见西夏武士鸟羽状盔帽已沿承了唐制。

图3-19　黑水城出土白釉武士造像（正面像、侧面像）

　　第二类为西夏博物馆藏6幅木俑武人，头戴尖角帽盔（图3-20、3-21、3-22，其他3幅见附录）。[3]

　　这组木俑武人像2000年出土于宁夏永宁县闽宁村西夏墓。圆雕，属随葬明器。人物面貌主要特征为：长圆脸，脸颊丰腴，短颈，大眼直鼻，方嘴厚唇，

---

　　① 刘永华：《中国古代军戎服饰》，上海：上海古籍出版社，2006年，第94页。

　　② 图见史金波、俄军、李丽雅：《西夏文物·内蒙古编》，中华书局，天津古籍出版社，2014年，第1243页。

　　③ 图见史金波、李进增：《西夏文物·宁夏编》，中华书局，天津古籍出版社，2016年，第4889—4893页。

脸部施红彩，墨绘粗眉、眼珠、八字胡，四肢简略，雕刻刀法简洁。高约17厘米~20厘米、宽5厘米~7厘米不等。①这6幅西夏武士木俑戴尖角盔帽，头盔下垂护耳与脖颈相连。这种盔制与回鹘武士（图3-23）所戴盔帽相似。回鹘武士头盔也为尖角形，下垂护耳与脖颈相连。②湖北武汉周家大湾隋墓武士（图3-24）、莫高窟第217窟盛唐壁画中的武士（图3-25），他们都戴尖角盔帽。这种尖角头盔应是当时普遍流行的一种盔制，形制大同小异，总体特征都是尖角，头盔下垂至肩，以达到保护整个头部安全的作用。

图3-20　　　　　　　　图3-21　　　　　　　　图3-22

西夏武士木俑像线描图（笔者绘）

图3-23　回鹘武士像　　　图3-24　隋墓武士像　　　图3-25　唐壁画武士像
　　　　　　　　　　　　　　　　（笔者临摹）　　　　　（笔者临摹）

西夏武官还有戎服。从《天盛改旧新定律令》卷五"军持兵器供给门"可知，西夏戎服不仅有甲、披之分，而且也有新式和老式之别。甲、披均由兽皮、革或毡加褐布制成。甲，是硬质铠甲，由"胸""背""尾""肋""裙""臂""肩""腰带"8部分组成。披，是一种软质铠甲，由"河""颈""背""喉""末尾""盖"等部分组成。新式甲、披与老式番甲、番披相比，规格尺

---

① 汤晓芳等主编、西夏博物馆编：《西夏艺术》，银川：宁夏人民出版社，2003年，第90—91页。
② 李肖冰：《中国西域民族服饰研究》，乌鲁木齐：新疆人民出版社，1995年，第186页。

寸略大一些。[1]西夏除有上述皮甲以外，似乎还有铁甲，据《续资治通鉴长编》载宋臣曰："夏衣甲胄皆冷锻而成，坚滑光莹，非劲弩可入"。[2]

第四节　裹巾子

黑水城出土的绢画《玄武图》（图3-26）[3]画面右下方有一名男子，其面貌特征和衣着装束独具特点。他面貌粗犷，狮子鼻，蓄胡髭。紧袖胡服，护髀系带围腰一圈，身着骑装，宽大的长裤扎进靴子中，背部披甲胄，肩膀上有围巾或项圈之类。由于画像为平视二分之一正侧面，故而看不到人物冠戴顶部的造型。推测所戴巾帽有三种可能：

图3-26　《玄武图》中裹红巾子士兵帽式线描图（笔者绘）

1. 前额缠着一条红巾，后脑的头饰部分类似直板，头顶显露头发，无任何冠饰。
2. 整个头部包红巾，后脑竖一直板。
3. 由直板和布巾两部分组成完整的帽子，前额另缠一红巾。

西夏没有其他同类型的头饰，既难以判断他的冠戴类型，也难以推断他所属的社会阶层。但依据此人的着装打扮和双膝跪姿造像推测，可能是最底层的普通士兵。

---

① 史金波、聂鸿音、白滨译注：《天盛改旧新定律令》，北京：法律出版社，2000年，第229—230页。
② [宋]李焘撰：《续资治通鉴长编》，北京：中华书局，2004年，第3137页。
③ 俄罗斯国立艾尔米塔什博物馆、西北民族大学、上海古籍出版社编：《俄罗斯国立艾尔米塔什博物馆藏黑水城艺术品》Ⅱ，上海：上海古籍出版社，2012年，图版182。

小　结

综上所述，西夏武职首服主要有镂冠、黑漆冠、鸟羽形和尖角状帽盔。西夏武官"冠金帖起云镂冠、银帖间金镂冠、黑漆冠"富有民族特色。镂冠、黑漆冠是西夏法典明文规定的朝服首服。镂冠系列为官职较高的武将穿戴；黑漆冠是官职较低者所戴便服首服。西夏武将盔帽有两种形制，一种是鸟羽状，另一种是尖顶形。前者应是职位较高的武将首服，后者则是常见的武人冠戴，尖角，头盔下垂至肩，起到保护整个头部的效果，安全性较高，应该是武人通服，尤其多用于行军作战过程中。另有裹红巾子士兵的着装和姿势说明，此人应该是一名普通武士，没有官职，地位较低。

第四章　僧侣帽式

　　西夏是一个崇信佛教的国度，历代统治者都大力倡导佛教。佛教的繁荣使西夏僧人地位崇高，僧侣享有封号、赐官、赐衣的特权。西夏法典《天盛改旧新定律令》载："僧人、道士中赐穿黄、黑、绯、紫等人犯罪时，比庶人罪当减一等。除此以外，获徒一年罪时，赐绯、紫当革职，取消绯、紫，其中□依法按有位高低、律令、官品，革不革职以外，若为重罪已减轻，若革职位等后，赐黄、黑徒五年，赐绯、紫及与赐绯、紫职位相等徒六年者，当除僧人、道士。"①从上述条款可以看出：西夏不仅沿袭了中原佛教的赐紫、绯衣的制度，且有所创新和发展，增加了赐黑、赐黄制。赐黄、黑者判五年徒刑就除去僧道籍，而赐绯、紫者要判六年徒刑才除去僧道籍，可见赐绯、紫者地位高。西夏为高僧封号、赐官、赐衣皆有文献记载，但是尚未明确记载僧侣的首服情况。笔者通过对西夏的图像资料和诸位学者研究成果进行整理，认为西夏僧侣阶层的帽式大致分为以下几种：莲花帽（山形冠）、黑帽、白冠红缨帽、裹巾式和斗笠式。

第一节　莲花帽

　　西夏僧侣阶层有一款形似"山"字形的僧帽，被学者命名为"山形冠"，从目前学界整理、列举出来有关这种帽式及其近似图像的遗存已知的有以下几处：

　　榆林窟第29窟有西夏供养人像，其中首位即真义国师鲜卑智海（图4-1）。国师面相丰圆，头戴"山"形冠，外套袈裟。②

---

　　① 史金波、聂鸿音、白滨译注：《天盛改旧新定律令》，北京：法律出版社，2000年，第145—146页。
　　② 韩小忙、孙昌盛、陈悦新：《西夏美术史》，北京：文物出版社，2001年，第34、35页。史金波：《西夏社会》，上海：上海人民出版社，2007年，第684—685页。

图 4-1　真义国师鲜卑智海帽式
　　　　线描图（笔者绘）

图 4-2　俄藏绢本《不动明
　　　　王》画面底部僧人像

俄藏绢本《不动明王》（图 4-2）①，画面底部两角各有一高僧坐像，左边的高僧头戴白色云纹山形冠，内着交领短袖衫，左肩披白色袈裟；右边的戴白色云纹山形冠，穿白色交领袍服。②

黑水城出土西夏文刻本《鲜卑国师说法图》（图 4-3）中，国师跏趺而坐，头戴云纹饰山形冠，内穿交领衫袍，外左肩斜披百衲袈裟。③

瓜州东千佛洞西夏石窟第 5 窟坛城图金刚环外匝残存二上师、天王等一些人物残片，其中一位上师头戴山形冠（图 4-4）。④

俄藏唐卡《粘鲁粘拉》中的高僧也内着交领衫，左肩披袈裟，头戴山形冠。⑤

学界有将上述这种帽式称为"山形冠""通人冠"的。之所以称为"山形冠"，可能是因为此冠形似"山"字，故由此命名。至于"通人冠"，《藏汉佛学词典》解释：通人冠，佛教学者专用的一种帽型。帽顶尖长，左右有飘带。意大利藏学家图齐在《西藏宗教之旅》中认为，通人冠是班智达所专有的帽子，用金线小织物制成特殊装置，指所掌握的不同知识领域。形制如图（图 4-5）所示。⑥显然，通人冠的形制与上述西夏这种僧冠大相径庭。由此确定，西

①图见俄罗斯国立艾尔米塔什博物馆、西北民族大学、上海古籍出版社编：《俄罗斯国立艾尔米塔什博物馆藏黑水城艺术品》Ⅱ，上海：上海古籍出版社，2012 年，图版 158。

②陈育宁、汤晓芳：《西夏艺术史》，上海：上海三联书店，2010 年，第 297 页。史金波：《西夏社会》，上海：上海人民出版社，2007 年，第 684—685 页。

③陈育宁、汤晓芳：《西夏艺术史》，上海：上海三联书店，2010 年，第 297 页。史金波：《西夏社会》，上海：上海人民出版社，2007 年，第 684—685 页。

④图见张宝玺：《瓜州东千佛洞西夏石窟艺术》，北京：学苑出版社，2012 年，第 225 页。

⑤陈育宁、汤晓芳：《西夏艺术史》，上海：上海三联书店，2010 年，第 297 页。

⑥图见［意］图齐著，耿昇译：《西藏宗教之旅》，北京：中国藏学出版社，2005 年，第 143—145 页。

图4-3 《鲜卑国师说法图》国师帽式 线描图（笔者绘）

图4-4 瓜州东千佛洞西夏石窟第5窟 上师像

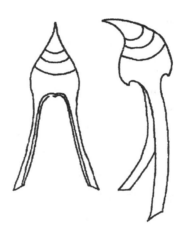

图4-5 通人冠正面与侧面形制线描图

夏此冠并非通人冠。

　　另有一种观点。据谢继胜先生研究认为，这种帽式是藏传佛教宁玛派的莲花帽。从历史渊源上看，党项和吐蕃地域相接，风俗相似，两者实力相当，因此文化交流是十分自然的事。史金波先生研究认为，藏传佛教传入西夏的时间可能较早，但具体时日则不得而知。[①]但谢继胜先生指出，早在西夏建立政权之前的党项时代，西夏佛教与藏传佛教的联系就已经开始。当时藏传佛教的诸多教派还没有兴起，在安多地区流行的藏传佛教多为旧派（宁玛派），这些教

---

① 史金波：《西夏佛教史略》，银川：宁夏人民出版社，1988年，第51—52页。

法同时也在党项人中间流行①，宁玛派的莲花帽（pad-zhwa，参看图4-6）②也是党项佛教法师的帽子，并一直沿用到西夏时期。③谢继胜指出，虽然西夏前期上师皆着宁玛派式样的莲花帽（pad-zhwa），但目前很难找到12世纪以前西夏或党项族与宁玛派联系的确凿文献证据。实际上，这种莲花帽并非得之于西夏中后期与之交往的萨迦派或噶举派，而是得之于其先于其地流行宁玛派的回鹘上师。回鹘人自公元840年以后，大部分移居至当时吐蕃控制多年的敦煌与河西地区，并接受了藏传佛教。9-10世纪，藏传佛教各派尚未兴起，流行的教派就是宁玛派。与西夏人对待藏传佛教的态度相同，回鹘人亦视之甚高，并将其冠帽样式作为得到上师标识。最早传入西夏的佛教就是这些回鹘上师引荐

的，《西夏译经图》出现的白智光、白法信等上师，可能都是回鹘上师，西夏"释氏之宗永济和尚"就是出自河西地区。因此，现今看到的大部分西夏上师画像都戴着宁玛派的莲花帽。此外，谢继胜先生列举了西夏相关绘画作品中戴莲花帽的诸多上师造像，如榆林窟第29窟的西夏国师西壁照海（即鲜卑智海）、肃南文殊山石窟、瓜州东千佛洞第4窟及第5窟、宁夏山嘴沟壁画、拜寺口西塔与上乐金刚像图、黑水城出土唐卡等多幅作品中的西夏上师像，几乎都戴着莲花帽。

关于藏传佛教问题，牛达生先生认为，"安多地区的僧人，不可能是藏传

图4-6　《莲花生幻化威猛师三身像》之一

---

① 这些宁玛派僧人多修习大圆满法，在乡间居住，着颠倒衣衫，早在10世纪前后流行于藏地，天喇嘛益西沃曾对这些教法加以斥责（Karmay，Samten，The Ordinance of Lha Bla-ma Ye-shes-od，Tibetan Studies in Honor of Hugh Richardson，ed. by Michael Aris and Aung San Suu Kyi，pp. 150~162）。清人赵翼在《陔余丛考》中记载，清初陕西边群山中 "僧人皆有家小"，认为此乃西夏所属甘、凉一带 "旧俗"，可能就是指西夏的这些宁玛派僧人。

② 藏传佛教艺术中早期的莲花生造像非常缺乏，虽然如此，但因其造像特征变化较小，尤其是帽子的样式。这里的图版一个是现存最早的莲花生唐卡，断代在13世纪前后。另一件断代在16世纪前后。参看R hie，M.M.，& Thurman，R.A.F.，eds.，Wisdom and Compassion：The Sacred Art of Tibet，exhibition catalogue，London，1996（Expanded Edition）pls.46 and 49.

③ 谢继胜：《莫高窟第465窟壁画绘于西夏考》，《中国藏学》2003年第2期，第75—76页。

佛教的僧人。"①综合上述诸位学者的观点，我们不妨这样推断：安多地区藏传佛教的诸多教派在西夏建立政权之前确实还没有兴起，但是已有形似莲花帽的帽式在旧派（后来的宁玛派）的僧侣阶层中流传，只是在藏传佛教兴起后，（旧派）宁玛派莲花生大师沿用了这种造型的帽子；由于旧派的这些教法同时也在党项人中间流行，因此，旧派的莲花帽造型的雏形也就自然成为党项佛教法师的帽子，并一直沿用到西夏时期。

《西藏唐卡大全》中有3幅宁玛派祖师莲花生造像。《莲花生幻化威猛师三身像》之一（图4-6），所绘摧破轮回世间莲师，他右手握着金刚杵，左手禅定印并托一颅器甘露汁，左手肘托一天杖，双足成散盘坐姿。②"师君三尊图"中的"师君三尊"，藏语为"堪洛却松"（音译）。即指亲教师（堪布）静命、轨范师（洛奔）莲花生、法王（却结）赤松德赞。轨范师莲花生对吐蕃"前弘期"佛教的发展做出了重要贡献，因此，把他称为"前弘期"佛教之祖。③莲花生大师，因应化度不同之众生，示现八种变化之身，各具尊形及法号。莲花生大师及其八种变化身，又称"莲花生八相"或"莲花生八名号"等，即为有关莲花生八名号的画像之一。④三者的帽式与西夏僧侣的莲花帽形制相似。

综合各方面因素，笔者认为谢继胜先生的观点比较符合西夏当时的情况，缘由如下：

第一，文献资料分析。

这里涉及西夏佛教史及莲花帽在西夏流传的时间和地域问题。

从时间方面讲，西夏早期主要受中原和印度佛教的影响，后期则主要受藏传佛教影响。藏传佛教的萨迦、噶当、噶举、宁玛等教派都对西夏产生了或多或少的影响。⑤"藏传佛教是'10世纪后半叶形成'的⑥，这是非常重要的、正确的、具有决定意义的论述，它明确告诉我们，在此之前是没有藏传佛教的。"公元10世纪后半叶是950年以后，而宁玛派形成于公元11世纪，是藏传佛教四大传承之一，相对于以后的其他三大传承噶举派、萨加派、格鲁派，宁玛派属旧派，在各派中历史最久。据各种材料分析，藏传佛教在西夏中后期，

① 本文在写作过程中曾请教过牛达生先生关于西夏佛教的问题，谨表谢意。
② 图见西藏人民出版社编：《西藏唐卡大全》，拉萨：西藏人民出版社，2005年，第36页。
③ 西藏人民出版社编：《西藏唐卡大全》，拉萨：西藏人民出版社，2005年，第22页。
④ 西藏人民出版社编：《西藏唐卡大全》，拉萨：西藏人民出版社，2005年，第24页。
⑤ 崔红芬：《藏传佛教各宗派对西夏的影响》，《西南民族大学学报（人文社科版）》2006年第5期，第52页。
⑥ 中国大百科全书编辑部编著：《中国大百科全书·中国佛教·汉地佛教/藏传佛教》，北京：中国大百科全书出版社，1988年，第527、530页。

尤其是仁孝年间广为流传且达到鼎盛①。仁孝在位时间为1140—1193年，西夏于1038年建立政权，因此，从时间上看，西夏社会后期盛行藏传佛教符合实际情况的。这也可以在西夏遗存的诸多文物与史料中得到印证。在西夏后期，西夏佛教在佛经的传译、寺庙的建设、僧人的培养等各方面都已深深地打上了藏传佛教的印记。被称为佛教圣地的莫高窟、榆林窟二窟群中的西夏洞窟，其早期上承五代、宋初风格，而后期则逐渐带有藏传佛教的密宗色彩，特别是榆林窟晚期的第2窟、第3窟和第29窟更为典型。这也证明了藏传佛教在西夏传播和兴盛的大体时间为西夏后期②。

从地域和传播媒介方面讲，西夏的西部地区与吐蕃地域相接，西夏境内也有不少吐蕃人居住。凉州、甘州一带是受藏传佛教熏陶较深的地区。这一地区在西夏中后期佛事活动显著增加。③目前所见的西夏莲花帽造像大多反映在出土于黑水城、敦煌地区的艺术作品中，虽不能说西夏境内僧侣阶层普遍流行莲花帽，但至少可以说当时的敦煌和黑城地区，这种帽式较为多见。西夏文献中记载了不少吐蕃僧人，其中有地位崇高的帝师、上师、国师、法师，有传译佛经的高僧。④西夏中后期，藏传佛教的高僧将宁玛派的莲花帽传到西夏，是较为可信的。

资料表明，在藏传佛教中，很多种僧人戴不同样式的帽子，不同教派的僧帽形制也不尽相同，比如，"宁玛派高僧戴一种宝座形的莲花帽；萨迦派僧人戴心脏形的帽子；噶举派活佛戴金边黑帽；格鲁派僧人戴黄色的僧帽"⑤。另有文字记载：西藏僧人活佛的帽子种类繁多，形状各异。从僧帽可以直接区分出藏传佛教四大教派。如宁玛派僧帽以氆氇为基本面料，帽顶尖长，帽檐往上翻，前面开口，好像莲花的形状，故又称莲花帽。宁玛派的高僧活佛，戴一种被称为"贝夏"的帽子，造型像一朵盛开的莲花，据说是宁玛派祖师莲花生戴的帽子。

第二，造像造型分析。

将上述宁玛派祖师莲花生所戴的帽子与西夏所谓的"山形冠"进行形制上的比较分析：莲花生大师造像（图4-6）和图4-7、⑥图4-8中的宁玛派莲花帽

---

① 史金波：《西夏佛教史略》，银川：宁夏人民出版社，1988年，第52页。
② 史金波：《西夏佛教史略》，银川：宁夏人民出版社，1988年，第54页。
③ 史金波：《西夏佛教史略》，银川：宁夏人民出版社，1988年，第54页。
④ 史金波：《西夏社会》，上海：上海人民出版社，2007年，第571页。
⑤ 陈立明、曹晓燕：《西藏民俗文化》，拉萨：中国藏学出版社，2003年，第89—101页。
⑥ 图见谢继胜：《西夏藏传绘画——黑水城出土西夏唐卡研究》，石家庄：河北教育出版社，2002年，第174页。

均是里外两层，里层的帽顶尖长，外层的帽檐有开口，且往上翻，好似盛开的莲花，帽檐边上有云纹装饰。从榆林窟第29窟南壁东侧真义国师鲜卑智海像（图4-1）、《不动明王》（图4-2）、鲜卑国师说法图（图4-3）、《粘鲁粘拉》（图4-9）、敦煌莫高窟第465窟东壁门上的僧人画像、敦煌莫高窟北区第464窟主室的僧人画像（图4-10）以及瓜州东千佛洞西夏石窟第5窟西夏上师僧帽（图4-11），可以清晰看到，西夏僧侣所谓的"山形冠"形制和宁玛派的莲花帽大同小异，都是里外两层，里层的帽顶尖长；外层的帽檐有开口，且往上翻，好似盛开的莲花，帽檐边上都有云纹装饰。

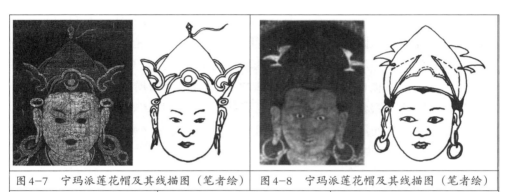

图4-7　宁玛派莲花帽及其线描图（笔者绘）　　图4-8　宁玛派莲花帽及其线描图（笔者绘）

图4-9　《粘鲁粘拉》中的僧人帽式线描图（笔者绘）　图4-10　敦煌莫高窟北区第464窟主室的僧人帽式线描图（笔者绘）　图4-11　东千佛洞西夏石窟第5窟西夏上师帽式线描图（笔者绘）

　　莲花本是多瓣形，为何说"山形冠"就是莲花帽？就目前所见西夏及周边民族的文献资料来看，没有可靠文字和图像资料可以印证当时西夏僧侣阶层存在"山形冠"及其具体样式。那么"山形冠"名称缘何而起？

　　在绘画理论中有仰视、平视和俯视。本文的图像资料中僧侣形象大多为平视正面、三分之一或者三分之二侧面像，从这种视角观察，只能看到正面帽子中间凸起的冠顶和两侧的帽檐部分，恰好呈"山"字形造型。如瓜州东千佛洞西夏石窟第5窟上师正面像观察，帽形中间为高高凸起的冠顶，两侧面各有一花瓣造型，整个画面的帽式呈"山"字形。当前诸位非美术学专业的学者们仅从图像资料直观观察此帽造型，将其定名为"山形冠"的，这不符合绘画理论中的透视原理。

从透视角度分析，人的头像属于六面体，即前面（面部）、后面（脑部）、左右两侧面（两鬓）、顶部（头顶）和颈部（与脖颈相连的一个面）。若从顶部（头顶）以俯视的角度观察，正好能看到帽顶和帽檐一整圈的完整造型。而出土于内蒙古额济纳旗达兰库布镇东40公里处古庙中的高僧像（图4-12）[①]，为我们研究莲花帽提供了有力的证据。此图像以俯视的角度拍摄，是目前所见西夏莲花帽的唯一一幅俯视图。高僧结跏趺坐于仰覆莲花座上，内着袈裟，外披大衣，头戴莲花帽，双手残毁。我们可以由此角度观察到高僧所戴莲花帽的整个顶部及一周围帽檐的整体造型，细观之，高僧左侧帽檐和脑后帽檐的形状，皆为独立成形的花瓣状，整个帽檐的一周是完整清晰的莲花花瓣形。其实，从俄藏西夏艺术品及西夏壁画僧人侧面像仔细观察，尤其《鲜卑国师说法图》国师脑后明显有另外半瓣花形。

所以，从绘画透视角度来讲，西夏的"山"字形冠即为多瓣形莲花帽。

第三，从色彩学角度分析。

色彩学准确描述一种颜色应该具备三个要素：色度、饱和度、光度。非专业人士通常所说的"红色"，是泛指红色这个色系。在这个色系里面，色度、

图4-12 内蒙古额济纳旗达兰库布镇东40公里处古庙中的高僧头冠及其线描图（笔者绘）

①图见汤晓芳等主编，西夏博物馆编：《西夏艺术》，银川：宁夏人民出版社，2003年，第63页。

饱和度和光度中的任意一个指标不同，所展现出来的颜色就不一样，所以说红色可以细分为多种颜色，有殷红、胭脂、洋红、玫瑰红、橘红、杏红等。而胭脂和殷红便是发黑的暗红色，这种色相历经长久的氧化、风化之后就变成了我们今天榆林窟第29窟真义国师鲜卑智海所着的帽式色彩。"由于宁玛派的僧人都戴红色僧帽，所以也被称为'红教'。"从绘画专业角度讲，这句话过于笼统，因为目前所见所有文字资料没有一条描述或者记载宁玛派莲花帽到底属于哪一种红。前揭莲花生大师图像来看，宁玛派莲花生所着为杏红色或者橘红色帽子。笔者认为榆林窟第29窟南壁东侧真义国师鲜卑智海最初应该是着胭脂或者殷红色莲花帽，因为这种发黑的暗红色经过长时间氧化，会褪色变成黑色；而宁夏拜寺口西塔出土上师所着莲花帽是橘红或者杏红。此外，我们还可以在黑水城出土的《不动明王》《作明佛母》唐卡中看到戴黄色莲花帽的僧人。

　　综上所述，笔者认同谢继胜先生的观点，即西夏僧侣阶层的"山形冠"，就是宁玛派的莲花帽。

　　事实上，关于西夏莲花帽的图像还可以列举数例。

　　唐卡《三十五佛陀忏悔录》画面左下角有位戴莲花帽的僧人（图4-13）①。萨玛秀克分析其所戴"帽子前面边缘被掀起，形式接近于大黑天神（X.2374）②唐卡中的形象。"③尊者手持经卷，形象高大，身后站立一西夏男供养人，手做祈祷状。从着装和所戴帽子形制观察，应是戴莲花帽僧侣。

　　唐卡《胜乐轮威仪曼荼罗》画面左下角的高僧结跏趺坐，头戴黄色莲花帽，形貌类似《不动明王》中的高僧。

　　瓜州东千佛洞西夏石窟第4窟上师图像位于前室正壁塔龛内，处于本窟主尊的地位，上师头戴莲花帽，冠帽中间和两侧高

图4-13　《三十五忏悔佛》翻译僧帽式

---

　　①图见俄罗斯国立艾尔米塔什博物馆、西北民族大学、上海古籍出版社编：《俄罗斯国立艾尔米塔什博物馆藏黑水城艺术品》Ⅱ，上海：上海古籍出版社，2012年，图版88。

　　②即《不动明王》。

　　③［俄］吉拉·萨玛秀克著，马宝妮译：《西夏绘画中供养人的含义和功能》，《西夏语言与绘画研究论集》，银川：宁夏人民出版社，2008年，第172页。

起，比起第2窟上师帽冠要平缓。①山嘴沟西夏石窟二号窟后室北壁第二组壁画上师、僧人和菩萨，上师结跏趺坐，座下为卷云纹。其头戴白色桃形莲花帽，脸部残毁，身穿白衣。②由于壁画剥落严重，图像漫漶不清，无法辨认此帽具体形制，但从帽式大概轮廓来看，笔者认为上师所戴应是宁玛派莲花帽。关于山嘴沟二号窟僧人帽式，谢继胜先生也指出"二号窟北壁中央的穿白袈裟、跏趺坐的西夏上师像，戴宁玛式样莲花冠。"③且佛龛南侧胁侍菩萨已漫漶而无法辨识，当为骑象菩萨。其左似为立像菩萨，菩萨右侧立女供养人；其右侧疑为菩萨，有头光。菩萨右侧为与北侧对应的众供养人簇拥的西夏上师像，此上师像大部脱落，但桃形莲花帽清晰可辨，跏趺坐，着黑色白边圆口布鞋。④

武威市博物馆藏亥母洞寺出土的一幅唐卡，谢继胜先生认为其中编号13的人物是一位"西夏上师：这位上师所戴黄色冠帽是西夏藏传佛教上师的法冠，源自藏传佛教宁玛派的莲花帽。"论文中还指出，这种帽式在西夏时期的绘画作品中非常普遍。⑤

西夏最初的国师大都来自印度、克什米尔、吐蕃。这些僧人把他们的服饰，尤其是冠帽的样式带到西夏，后世西夏自己的国师，仍然沿用这种冠帽样式。⑥

第二节　黑帽

俄藏黑水城艺术品《药师佛》（图4-14）⑦画像，此画面左下角一高僧戴黄色镶金边的黑帽，该帽分内外两层，内层高而尖，外沿低且镶金边，帽子正前方缀有一黄色菱形，上绘十字交杵金刚。高僧穿短袖橙红色背心，褐色百衲衣

---

① 张宝玺：《瓜州东千佛洞西夏石窟艺术》，北京：学苑出版社，2012年，第184页。

② 宁夏文物考古研究所编著：《山嘴沟西夏石窟》，北京：文物出版社，2007年，第35页。

③ 宁夏文物考古研究所编著：《山嘴沟西夏石窟》，北京：文物出版社，2007年，第323页。

④ 宁夏文物考古研究所编著：《山嘴沟西夏石窟》，北京：文物出版社，2007年，第324页。

⑤ 该文原刊于北京大学文博学院编：《宿白先生八秩华诞纪念文集》，北京：文物出版社，2002年，第595—611页。英文版由Brouce和作者翻译，谢继胜、沈卫荣、廖旸主编：《第二届西藏考古与艺术国际学术讨论会论文集》，拉萨：中国藏学出版社，2006年，第427—458页。

⑥ 谢继胜：《西夏藏传绘画——黑水城出土西夏唐卡研究》，石家庄：河北教育出版社，2002年，第266页。谢继胜、才让卓玛：《宋辽夏官帽、帝师黑帽、活佛转世与法统正朔——藏传佛教噶玛噶举上师黑帽来源考》（上），《故宫博物院院刊》2020年第6期，第45—60页。谢继胜、才让卓玛：《宋辽夏官帽、帝师黑帽、活佛转世与法统正朔——藏传佛教噶玛噶举上师黑帽来源考》（下），《故宫博物院院刊》2020年第7期，第58—109页。

⑦ 图见俄罗斯国立艾尔米塔什博物馆、西北民族大学、上海古籍出版社编：《俄罗斯国立艾尔米塔什博物馆藏黑水城艺术品》Ⅰ，上海：上海古籍出版社，2008年，图版82。

袈裟，有黄色线缝边，外披一件黄色的带有圆形团花的披风。上唇的髭须和黑色的稀疏的连鬓须突出了颧骨，是典型藏传佛教上师形象。谢继胜认为这是黑帽系噶玛巴即噶玛噶举派的帽子。①此僧人所戴黑帽与中国台北故宫博物院编《西藏艺术图录》中出现的噶玛噶举派上师的帽式（图4-15）②是目前所见最早的黑帽样式。将两幅图的上师造像比较来看，两者都戴尖顶黑帽，黑帽内层有高尖，外层低如"重墙"，墙缘镶金，以及菱形錾花金帽准，黑帽的形制几乎没有差异；两尊上师皆大耳垂，颧骨高突，有髭须和黑色稀疏的连鬓须，阔面方脸，整个面部特征为典型的藏传佛教上师形象。

传说第二世噶玛巴噶玛拔希于1256年赴元宪宗蒙哥汗庭帐时，蒙哥汗曾赐给噶玛拔希一顶金边黑色僧帽及一枚金印，从此以后噶玛拔希的噶玛噶举派活佛系统被称为黑帽系。假如此说属实，那么俄藏黑水城《药师佛》绘画的时间肯定是在公元1256年以后，甚至是入元以后。然而，我们也不能断定噶玛噶举以前就没有僧帽。据谢继胜先生考察，噶玛噶举由于该派所修那若六法等密乘瑜伽法术等与西藏本土的民间宗教和巫术有一定的相似之处，笔者分析其黑帽的渊源即在于此。藏文"黑帽"（zhva-nag）或"戴黑帽者"（zhva-nag-pa）的本义是"密咒师、咒师"或"戴黑帽跳神者"。

事实上，现在见到的时代较早的藏文文献，如《红史》和《贤者喜筵》等都没有提及蒙古皇帝赐噶玛拔希黑帽的史实。《贤者喜筵》认定噶玛噶举戴黑帽的传统始于都松庆巴，在提及黑帽起源时写道："当其（都松庆巴）剃发之际，智慧空行母头发制作的黑帽冠冕，为其能聚集一切诸佛之事业，遂向其献

图4-14 《药师佛》中黑帽僧人像及其帽式线描图（笔者绘）

① 谢继胜：《西夏藏传绘画——黑水城出土西夏唐卡研究》，石家庄：河北教育出版社，2002年，第64页。
② 图见中国台北故宫博物院：《智慧与慈悲：藏传佛教艺术大展》，1998年，图版109；谢继胜：《西夏藏传绘画——黑水城出土西夏唐卡研究》，石家庄：河北教育出版社，2002年，第388页。

图4-15　中国台北故宫博物院编《西藏艺术图录》中噶玛噶举派戴黑帽的上师像
及其帽式线描图（笔者绘）

名噶玛巴，因见到这种情况，故以后（都松庆巴及其派系）即执黑帽。"①噶玛
噶举派祖师噶玛巴·都松钦巴于1147年在康区楚布寺创建噶玛噶举派。西夏仁
宗仁孝曾派人前往邀请他到西夏传教，都松钦巴派其弟子前往西夏，后被尊为
上师，从此双方往来十分频繁，也把卫藏的教法、佛教绘画艺术等传到西夏，
这说明噶玛噶举派在西夏源远流长且受到较大的推崇。

故此，笔者推断，该教派在蒙古蒙哥汗六年（1256年）奉诏赴和林，蒙哥
汗赏赐金边黑帽一顶和金印一枚，金边黑帽应该是该派祖师的冠戴。噶玛噶举
的黑帽最初就是源自仁宗至襄宗年间西夏皇室授予帝师的黑帽，蒙哥汗授予二
世噶玛巴黑帽的说法是后世的传说。谢继胜、才让卓玛在新近研究成果《宋辽
夏冠帽、帝师黑帽、活佛转世与法统正朔——藏传佛教噶玛噶举上师黑帽来源
考》一文也指出："藏传佛教噶玛噶举的黑帽来源于西夏帝师制度。"②前揭蒙
哥汗之所以赐给噶玛拔希一顶金边黑帽，是基于噶玛噶举派祖师在西夏时期就
有戴黑帽的规制，只不过之前并没有以黑帽作为该派系的名称，直到蒙哥汗赐
黑色僧帽后，为了显示帝王对该派的尊崇及其在众派中的显耀地位，从此以后
噶玛拔希的噶玛噶举派活佛系统被称为黑帽系。

谢继胜等在《宋辽夏冠帽、帝师黑帽、活佛转世与法统正朔——藏传佛教
噶玛噶举上师黑帽来源考》文中进一步指出，西夏皇室授予帝师黑帽的制度，
这种"代表正朔地位的黑帽的把持与传承，引导了藏传佛教活佛转世系统的建
立，为蒙元至明代噶玛噶举教派用黑帽传承延续西藏地区与中原王朝的紧密联

① 黄颢：《〈贤者喜筵〉译注一》，《西藏民族学院学报》1986年第2期，第28页。
② 谢继胜、才让卓玛：《宋辽夏冠帽、帝师黑帽、活佛转世与法统正朔——藏传佛教噶玛噶举上师黑帽
来源考》（上），《故宫博物院院刊》2020年第6期，第45页。

系，为汉地将大宝法王封号作为教派活佛转世体系，清代达赖、班禅活佛转世
系统的奠定，以及为后世中央政权与地方民族势力的交往等提供了范例。"①

第三节 白冠红缨帽

俄藏黑水城唐卡编号X.2419《阿弥陀佛净土世界》画面中有两位结跏趺坐
的僧人（图4-16）②。僧人左肩披红色袈裟，右肩裸露，所戴冠式为白色，冠顶
有红色缨子，有点像公鸡的冠子。笔者查证了诸多僧人帽式资料，发现西藏僧人
普遍佩戴一种称之为"孜夏"的帽式。"孜夏"帽身用锦缎或氆氇制作，上面有
许多羊毛编成的穗子，戴在头上前高后低，有点像公鸡的冠子，故称之为"鸡冠
帽"（图4-17）。资料记载，鸡冠帽是藏族聚居区独有的僧帽，分卓孜玛和卓鲁
两种，卓孜玛和卓鲁形似鸡冠。二者的不同之处在于卓孜玛的冠穗是拢在一起
的，而卓鲁是散的。

虽然"鸡冠帽"与西夏僧侣白冠红缨帽最为相近，但仔细比较，两者形制
还是有差别的。到底俄藏黑水城唐卡编号X.2419《阿弥陀佛净土世界》画面中
两位僧人所戴是何种帽式，暂时也未找到更为明确的资料和研究成果，尚待进
一步探讨。

图4-16 俄藏黑水城唐卡编号X.2419《阿弥陀佛净土世界》　　图4-17 鸡冠帽（卓鲁帽）
僧人帽式线描图（笔者绘）　　　　　　　　线描图（笔者摹绘）

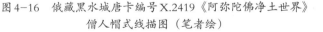

① 谢继胜、才让卓玛：《宋辽夏冠帽、帝师黑帽、活佛转世与法统正朔——藏传佛教噶玛噶举上师黑帽
来源考》（上），《故宫博物院院刊》2020年第6期，第45页。

② 图见俄罗斯国立艾尔米塔什博物馆、西北民族大学、上海古籍出版社编：《俄罗斯国立艾尔米塔什博
物馆藏黑水城艺术品》Ⅰ，上海：上海古籍出版社，2008年，图版2。

第四节　裹巾

西夏裹巾式僧帽及其近似图像的遗存已知的有以下几处：

《梁皇宝忏图》中的裹巾高僧。《梁皇宝忏》又作梁武忏、梁皇忏，传为南朝梁武帝为超度其夫人郗氏制《慈悲道场忏法》十卷。后世多依此忏仪修忏，以求灭罪消灾，济度亡灵，对后世产生了深远影响。西夏所见佛经插图版画《慈悲道场忏罪法》经首的《梁皇宝忏图》有以下两种：

中国国家图书馆藏西夏文佛经版画《梁皇宝忏图》（图4-18）[①]，图上半部分为梁武帝与高僧对话，梁武帝双手合十；高僧头裹巾，左手持法杖，右手作说法手势。图下部中间绘一蟒蛇。两侧有文官形象10身，文官皆戴展脚幞头，宽袖交领或圆领长袍，持笏，作惊愕状。图中人物皆为中原唐宋人物着装风格。

另一幅是俄罗斯国立艾尔米塔什博物馆藏《梁皇宝忏图》（图4-19）[②]。俄藏与中国国家图书馆藏高僧着装相同，头裹巾，左手持法杖，右手作说法手势。皇帝头戴镂冠，双手合十。皇帝身边的男侍从秃发。殿前官员头戴云镂冠，为西夏武官着装。画面中除高僧外，其他男女人物均着西夏党项族服饰，有秃发男侍、高髻插花黑靴女侍、头戴镂冠腰护牌的武官。

图4-18　中国藏《梁皇宝忏图》　　　　　图4-19　俄藏《梁皇宝忏图》
高僧裹巾（笔者摹绘）　　　　　　　裹巾高僧（笔者摹绘）

---

① 图见宁夏大学西夏学研究中心、国家图书馆、甘肃五凉古籍整理研究中心编：《中国藏西夏文献》五，兰州：甘肃人民出版社、敦煌文艺出版社，2005年，第5页。

② 图见俄罗斯国立艾尔米塔什博物馆、西北民族大学、上海古籍出版社编：《俄罗斯国立艾尔米塔什博物馆藏黑水城艺术品》Ⅰ，上海：上海古籍出版社，2008年，第53页。

俄藏黑水城艺术品《药师佛》画面右下角有位裹橘黄色巾的高僧（图4-20）[1]，身着黄色外袍。皮肤呈黑色，有浓密的灰色胡须；戴着末端松松垂下的橘黄色头巾。这位高僧造像与印度佛师传统的造像非常相似，应该是一位印度僧人。

图4-20　《药师佛》画面右下角裹黄巾高僧像及线描图（笔者绘）

黑水城出土《观世音菩萨》画面左右两下角各有一位僧人（图4-21）[2]，着橘黄色的僧服，圆脸，黑皮肤，看起来极像印度人，他们也裹着同样类型的黄色头巾。俄罗斯学者萨玛秀克指出："这是中亚风格的代表。"[3]周锡保先生在《中国古代服饰史》第九章《宋代服饰》中有一节讲到释、道服饰时说："《事物异名，事物绀珠》有：毗罗帽、宝公帽、僧伽帽、山子帽、班吒帽、瓢帽、六和巾、顶包八者。此种帽式，一时还不能列举其式样。"[4]尽管相关僧帽的样式暂无法列举，但从字面意义上分析，此处所谓"六和巾、顶包"该是巾类，类似于俄藏黑水城图像《梁皇宝忏图》中的裹巾，而有别于帽和冠。

俄藏黑水城所出的裹巾高僧应为中亚佛教僧侣服饰的代表。佛教起源于印度时，起初印度僧人一般不戴帽子，除非个别僧人头痛、头冷时，才允许用一种"毲"做成头巾裹在头上，这种裹巾式，便是最早的僧帽。佛教最初由印度

①图见俄罗斯国立艾尔米塔什博物馆、西北民族大学、上海古籍出版社编：《俄罗斯国立艾尔米塔什博物馆藏黑水城艺术品》Ⅰ，上海：上海古籍出版社，2008年，图版82。

②图见"国立历史博物馆"编译小组编：《丝路上消失的王国——西夏黑水城的佛教艺术》，台北："国立历史博物馆"，1996年，第133页。

③［俄］吉拉·萨玛秀克著，马宝妮译：《西夏绘画中供养人的含义和功能》，《西夏语言与绘画研究论集》，银川：宁夏人民出版社，2008年，第67—68页。

④周锡保：《中国古代服饰史》，北京：中国戏剧出版社，1986年，第313页。

图4-21　《观世音菩萨》画面中的裹巾高僧及线描图（笔者绘）

传入中亚，后来佛教教义、仪式以及僧侣的着装和佛教艺术形式都传入中国。佛教于东汉时期传入中国，恰好汉代以来，巾普遍流行且成为时髦的装饰，连身居要职的官员也喜用巾来束发，"汉末王公，以幅巾为雅，将帅之职者，皆著缣巾"[1]。而西夏政权建立之初，佛教受到中原和印度佛教的直接影响。[2]因此，便有了《梁皇宝忏图》《观世音菩萨》《药师佛》中我们所见到的类似中亚风格的裹巾。

第五节　斗笠式帽子

西夏也有戴斗笠的行脚僧[3]。行脚僧，又称宝胜如来佛[4]。在唐代，此类人物被称为"行僧""行脚僧"或"行道僧"，张彦远《历代名画记》"两京寺观壁画"一章中就记有数身"行脚僧"壁画。敦煌绢画所见五代至宋时期此类图像，已称为"宝胜如来佛"（图4-22）[5]。"早期图像人物立于流云之上，高鼻深目，戴斗笠，背竹经筐，经筐上方盖孔中云气飘逸而出，变幻成云朵，上绘

---

① ［唐］房玄龄等撰：《晋书》，北京：中华书局，1974年，第771页。
② 史金波：《西夏佛教史略》，银川：宁夏人民出版社，1988年，第30页。
③ 行脚僧是指无固定居所，或为寻访名师，或为自我修持，或为教化他人，而广游四方的僧人。
④ 关于行脚僧为何又被称为宝胜如来佛名号，目前还没有找到相应的文献和更多的研究著作。
⑤ 图见俄罗斯国立艾尔米塔什博物馆、上海古籍出版社：《俄罗斯国立艾尔米什博物馆藏敦煌艺术品》Ⅱ，上海：上海古籍出版社，1998年，图版219。"宝胜如来"断代在五代至宋，纸本彩绘。画面左侧榜题框书"宝胜如来佛"。

坐佛一身，身右侧随行一虎，装具一如仪轨的记载。判定当为中土僧人。"①

　　行脚僧有秃发者，也有戴斗笠者。敦煌所出宝胜如来绢画四幅，行脚僧都具有跋山涉水的行旅造像元素，其中两幅行脚僧图（图4-23）②头戴斗笠。玄奘的事迹造就了取经高僧图像并衍变为泛指的名为"行僧""行脚僧"形象，对西夏此类造像的僧人产生了很大影响。在周锡保《中国古代服饰史》③和李翎《"玄奘画像"解读——特别关注其密教图像元素》④中收录有若干幅戴斗笠行脚僧形象。俄藏敦煌所出两幅西夏行脚僧（图4-24、4-25）⑤装束一如敦煌戴斗笠宝胜如来行脚僧形象。

　　戴斗笠诸行者像（除敦煌洞窟中有几件漫漶不清者外）有一个共同特点，就是都戴宽檐帽，⑥这与西夏行脚僧所着帽式形制基本相同。

图4-22　敦煌宝胜如来　　图4-23　敦煌宝胜　　　图4-24、4-25　俄藏敦煌西夏行脚僧
　　　　　绢画行脚僧　　　　　　　　如来绢画行脚僧

　　① 谢继胜：《伏虎罗汉、行脚僧、宝胜如来与达摩多罗——11至13世纪中国多民族美术关系史个案分析》，《故宫博物院院刊》2009年第1期，第83页。
　　② 图见谢继胜《伏虎罗汉、行脚僧、宝胜如来与达摩多罗——11至13世纪中国多民族美术关系史个案分析》，《故宫博物院院刊》2009年第1期，第83页。
　　③ 周锡保：《中国古代服饰史》，北京：中国戏剧出版社，1986年，第326页。
　　④ 李翎：《"玄奘画像"解读——特别关注其密教图像元素》，《故宫博物院院刊》2012年第4期，第42—47页。
　　⑤ 图见俄罗斯国立艾尔米塔什博物馆、上海古籍出版社：《俄罗斯国立艾尔米塔什博物馆藏敦煌艺术品》Ⅴ，上海：上海古籍出版社，2002年，第271、305页。
　　⑥ 李翎：《"玄奘画像"解读——特别关注其密教图像元素》，《故宫博物院院刊》2012年第4期，第47页。

第六节 僧侣帽式反映的几个问题

一、关于西夏莲花帽的色彩

从学者们的研究成果来看，西夏莲花帽除了红色，还有白色、黄色。俄藏绢本《不动明王》，画面底部两位高僧都是头戴白色云纹莲花帽[①]，内着交领短袖衫。宁夏文物考古研究所编著的《山嘴沟西夏石窟》认为宁夏山嘴沟西夏石窟第2号窟后室北壁第二组壁画上师、僧人和菩萨，上师结跏趺坐，座下为卷云纹，头戴白色桃形莲花帽。笔者认为瓜州东千佛洞西夏石窟第4窟西夏上师也着白色莲花帽。着黄色莲花帽的西夏僧人像亦多处可见。谢继胜先生指出武威市博物馆藏亥母洞寺出土的一幅唐卡其编号13的人物为西夏上师，这位上师戴黄色莲花帽[②]。《粘鲁粘拉》画面中的高僧、敦煌莫高窟北区第464窟主室的高僧、肃南文殊山石窟万佛洞的西夏上师、瓜州东千佛洞西夏石窟第2窟西夏上师和第5窟西夏上师所戴均为黄色莲花帽。

但是从色彩学的严格意义上来讲，这种分色并不标准。例如当初艺术家给某位上师所绘的莲花帽为柠檬黄、土黄、橘黄、橘红、杏红等，橘红和杏红就是红中偏黄，黄色系在众色相中明度最高，明度越高的色彩越容易褪色。由于图像资料年代久远，残毁严重或者漫漶不清，经过长年累月的风化后，许多保存不善的石窟壁画会逐渐褪色，颜色变得暗淡或者泛白，褪去了当初作品本身的色彩，致使若干年后的今天我们所看到西夏有些莲花帽几乎变成了白色，甚至看不到任何颜色了，比如鲜卑国师说法图（图4–3）。

二、从西夏僧人帽式看其社会地位

在世俗生活中，冠冕是权力和荣誉的象征。佛教生活也是如此，戴不同帽式的僧侣，代表了其地位、等级、权力的不同。

1. 莲花帽、黑帽反映的西夏僧人地位

榆林窟第29窟中有西夏供养人像，其中排在首位的即真义国师鲜卑智海。

---

① 有学者认为，两位高僧所戴僧帽为"白色"，笔者认为他们是戴黄色莲花帽更为确切些，从图像观察，帽子与白色交领内衫的颜色明显不同。

② 原文原刊于北京大学文博学院编：《宿白先生八秩华诞纪念文集》，北京：文物出版社，2002年，第595—611页。英文版由Brouce和作者翻译，刊于谢继胜、沈卫荣、廖旸主编：《第二届西藏考古与艺术国际学术讨论会论文集》，北京：中国藏学出版社，2006年，第427—458页。

国师面相圆满，头戴莲花帽，拈花坐方形须弥座床。旁有西夏文题款，汉译为
"真义国师西壁智海"，西壁也即"鲜卑"，是西夏番姓之一。国师身后有侍者
持伞盖，显示出尊贵的地位。在夏末元初所著《大方广佛华严经海印道场十重
行愿常遍礼忏仪》中，记录了华严宗在西夏弘扬华严诸师，赫然排在第一位的
就是这位鲜卑真义国师。黑水城出土西夏文刻本《鲜卑国师说法图》中，国师
跏趺而坐，头戴莲花帽，内穿交领衫袍，外左肩斜披百衲袈裟。国师身后有短
须秃发侍者持伞盖。左站立一僧人穿宽袖交领袈裟，双手合十；右站立一秃发
僧人也穿宽袖交领袈裟，双手似捧物，此图明显反映出西夏上层僧人和普通僧
人在服饰上的差别[①]，说明戴莲花帽者比普通僧人地位更高。瓜州东千佛洞西
夏石窟第2窟的这幅上师像图幅较小，并位于前室左壁下层伎乐天的一侧，其
衣冠表明它是具有相当身世的一位上师，上师所着为莲花帽。这是本窟中唯一
的一幅上师图。

　　西夏高僧有帝师、国师、法师、上师等封号，其中帝师的地位和封号最
高，权高位重，是皇帝的老师，甚至是精神导师。帝师统领功德司，担任功德
司正职，全面负责国家宗教事务。国师地位仅次于帝师，在帝师出现之前，国
师是西夏僧人的最高封号。在西夏文《西夏官职封号表》残片上，国师列在王
公和掌握军政事务的中书、枢密大臣之后。[②]国师也主持寺院，负责佛经翻译
和校勘，从事斋会等活动。如景宗元昊时，主持佛经翻译和校勘的著名国师有
白法信，惠宗时的国师白智光，西夏晚期的蕃汉法定国师等等。[③]

　　本文所列戴莲花帽僧人，多为国师、上师的身份，如戴莲花帽的真义国师
鲜卑智海（图4-1）、《鲜卑国师说法图》（图4-3）都是描绘讲经说法的庄严场
面。史金波先生也认为："（西夏）僧人也有僧帽，反映在画像上都是高僧身
份。看来这种山形冠（莲花帽）可能是西夏高僧在正式场合特有的冠戴，是高
僧地位的象征。"[④]

　　西夏戴黑帽僧人，目前所见，仅有俄藏《药师佛》一幅图像。从人物着装
上讲，这位高僧享有"戴黄色镶金边、帽上绘十字交杵纹，穿橙红色和黄色僧
衣"的特权，其地位比较尊崇。西夏僧人在法律上享有一定的特权，《天盛律
令》卷二"罪情与官品当门"中规定：僧人、道士中赐黄、黑、绯、紫者犯罪

　　① 俄罗斯圣彼得堡东方文献研究所手稿部黑水城出土文献 Инв.No.3706、2538。
　　② 李范文：《西夏官阶封号表考释》，《社会科学战线》1991年第3期，第171—179页。
　　③ 李蔚：《中国历史·西夏史》，北京：人民教育出版社，2009年，第269页。
　　④ 史金波：《西夏社会》，上海：上海人民出版社，2007年，第684页。

时，比庶人罪当减一等。僧人中赐黄、黑、绯、紫者犯罪时，除十恶及杂罪中不论官者以外，犯其余各种罪可以官品当。①西夏法律还规定，平民百姓不准穿军服，不准穿有镀金装饰或金线织成的礼服。皇帝亲族的妻子、女儿、儿媳，高官的妻子、内宫侍从等，都必须得到特准才可以穿金线织成或饰有金线的衣服。在西夏，有资格着黄色冠帽和服饰的僧人地位荣耀。从人物形象上看，俄藏《药师佛》中的高僧"上唇的髭须和黑色的稀疏的连鬓须突出了突起的颧骨，为藏传佛教上师形象"。资料显示，藏传佛教在西夏中期开始大规模传入，形成了较大影响。藏传佛教各个派别的高僧被西夏封为帝师、国师和上师，并在政府机构中任职。西夏对藏传佛教采取尊崇政策，对吐蕃僧人尤加尊崇。西夏有帝师和上师封号的均为吐蕃僧人。②可见这位戴黄色镶金边黑帽的藏传佛教上师在西夏有特殊的地位。

2. 裹巾式、斗笠式僧帽所反映的僧人地位

《梁皇宝忏图》中的高僧头裹巾，手持法杖，讲道说法，结跏趺坐，与对面的皇帝相对而坐，显示出高僧的尊贵地位。俄藏黑水城唐卡《药师佛》和《观世音菩萨》画面中有裹黄巾的高僧，均着橘黄色袈裟，从高僧的着装来看，地位是比较高的。西夏法典规定，普通人不允许穿黄色或红色的衣服，只有高僧、高官及其妻子才可以享有这个权力。不过，穿橘黄色衣服的僧人地位应该是稍低于那些穿红色或紫色的。③

史金波先生指出："僧人也有僧帽，反映在画像上都是高僧身份。"④说明西夏戴帽或裹巾僧人一般都有较高的地位，比如帝师、国师、上师。但也有例外，如西夏行脚僧，戴斗笠、背竹篓、卷裤脚、草鞋，一副苦行僧的形象，地位应该不高，应不是僧官、帝师和国师的身份。

三、西夏僧人戴帽场合

在世俗社会，人们见面时脱帽颔首致礼以示对对方的尊敬。在佛教生活中，僧侣戴帽与否，或者戴何种帽式，也有一定的文化渊源。佛教起源于印度，僧服自然也起源于印度。在印度，僧人一般不戴帽子，除非个别僧人头痛、头冷时才允许用一种"毻"做成头巾裹在头上，这便是最早的僧帽。佛教

① 史金波、聂鸿音、白滨译注：《天盛改旧新定律令》，北京：法律出版社，2000年，第145—146页。
② 孙昌盛：《试论在西夏的藏传佛教僧人及其地位、作用》，《西藏研究》2006年第1期，第39页。
③ 〔俄〕吉拉·萨玛秀克著，马宝妮译：《西夏绘画中供养人的含义和功能》，《西夏语言与绘画研究论集》，银川：宁夏人民出版社，2008年，第229页。
④ 史金波：《西夏社会》，上海：上海人民出版社，2007年，第684页。

传入中国后，僧侣们不但有了僧帽，而且在制作材料和式样方面有许多种类。这些僧帽的材料和式样是受时代、地区、民族乃至季节的影响而变化。在藏传佛教中，很多种僧人戴不同样式的帽子，不同教派的僧帽形制也不尽相同。《西藏宗教之旅》一书以图文解说的形式详述了藏传佛教宁玛派、噶举派和萨迦派的帽子种类及用途。①不同类型和颜色的法帽，分别表示在不同教派、不同级别以及不同场合顶戴。各派僧帽可概括为两类：一是沿袭创始者或大活佛的法帽，如莲花帽（白玛同垂帽）、格鲁黄帽、达保帽、黑帽、俄尔帽等，这是该教派区别于他派所独有的；二是法会和修学时所戴的帽子，如格鲁派的菩提帽、宁玛派的"持明公冠"以及通人冠、鸡冠帽等。②下面对一些教派僧帽及佩戴场合做一简要介绍。

莲花帽：是莲花生的帽子，唯有宁玛巴的高级喇嘛才被允许戴这种帽子。

持公明冠：是宁玛巴在经过修法苑的功课考试之后的头饰。

莲花生帽子：是莲花帽的仿造品，仅仅由堪布和活佛或宁玛巴的其他喇嘛在阐述教理时所戴。

通人冠：是班智达的帽子。用金线制成的特殊装置，表示所掌握的不同知识领域。③

此外，僧人还有冬季骑马帽和夏日凉帽。冬季常戴平顶方形礼帽，夏天则戴没有顶饰的白帽和太阳帽"索格尔"。活佛夏季戴唐徐帽、金帽等。④

根据《四分律》卷四十记载，佛陀允许比丘们在天冷或头痛时，以氀或劫贝作裹头。除此之外，禁止比丘裹头。《大比丘三千威仪》卷上中说："不得著帽为佛作礼。"又说，入室礼师之际，应当脱帽等礼节。只有开法会或宗教节日上才可戴帽子，而且帽子的颜色和式样也跟身份地位有关。喇嘛们平时基本上不戴帽子，除非夏天阳光很强的时候才戴一顶简易的遮阳帽。

如上看来，僧人戴帽或不戴帽是受场合、季节及其身份地位等因素影响的。西夏高僧有戴帽者，也有不戴帽者。那么西夏僧人在什么场合戴帽？什么场合不戴帽？从《鲜卑国师说法图》着莲花帽的高僧鲜卑国师来看，这种莲花帽是西夏高僧在正式场合特有的冠戴，是高僧地位的象征。但高僧也可以不戴僧帽，最典型的是《西夏译经图》中的主译国师白智光，秃发，不戴僧帽。同

---

① ［意］图齐著，耿昇译：《西藏宗教之旅》，北京：中国藏学出版社，2005年，第142—154、143页。
② 李玉琴：《藏传佛教僧伽服饰释义》，《西藏研究》2008年第1期，第91页。
③ ［意］图齐著，耿昇译：《西藏宗教之旅》，北京：中国藏学出版社，2005年，第143页。
④ 李玉琴：《藏传佛教僧伽服饰释义》，《西藏研究》2008年第1期，第91页。

样是国师身份，在说法和译经这样同等庄严的场合，两位国师的首服竟然如此大相径庭，这该如何解释？这也许有时间的差异，《西夏译经图》描绘的是西夏早期国师，而鲜卑国师是西夏后期的高僧。[①]也应该与西夏社会存在不同教派和不同民族僧人有关，西夏有宁玛派、萨迦派、噶玛噶举派等；西夏僧人的民族成分也较多样，前期主要是回鹘、党项和汉地僧人，后期则主要是吐蕃僧人。西夏是佛教多流派并存的社会，其境内民族构成复杂，西夏统治者崇尚佛教，对从周边各民族延请而来的大德高僧一视同仁，无论在任何场合，都允许其着装服饰各自不同，是有道理的。

　　总之，西夏僧侣阶层帽式多样，有藏传风格的莲花帽、黑帽；有中亚风格的裹黄巾式；也有中原风格的斗笠式。另外，西夏还有诸多不戴冠的僧侣形象，这些不戴冠僧侣的地位也有高有低。西夏僧侣阶层戴冠与否，戴冠的场合和式样也是受时代、地区、民族乃至季节的影响而变化的，并不是严格按照身份地位的高低而规定。

---

　　① 史金波：《西夏社会》，上海：上海人民出版社，2007年，第684页。

第五章　贵族妇女帽式

在阶级社会，统治者掌握着政治、经济、文化大权，同时也是服饰文化潮流的代表。西夏也不例外，以皇室为中心的贵族妇女也因此成为西夏妇女的上层各方面处于优越地位。[1]比如皇室妇女在妆饰上就有特权，皇室所用衣服的颜色和花样不准其他官民使用，如文献记载：

> 全国内诸人鎏金、绣金线等朝廷杂物以外，一人许节亲主、夫人、女、媳，宰相本人、夫人，及经略、内宫骑马、驸马妻子等穿，不允许外人穿。其中冠"缅木"者，次等司承旨、中等司正以上嫡妻子、女、媳等冠戴，此外不允冠戴。[2]

就首服而言，只有贵族妇女享有戴冠的权利，普通平民妇女不准戴冠。笔者通过相关资料的梳理可知，西夏帝后、贵族妇女冠式大致有如下几种情形：帝后在隆重场合戴凤冠，其形制与中原皇后的凤冠相同；贵族妇女主要戴四瓣莲蕾形金珠冠和桃形冠，是对回鹘妇女桃形冠的借鉴。

第一节　凤冠

凤，为凤凰的简称，是古代神话传说中的百鸟之王。雄为凤，雌为凰，通称凤。《说文》："凤，神鸟也。天老曰：凤之象也，鸿前麟后，蛇颈鱼尾，鹳颡鸳思，龙文虎背，燕颔鸡喙，五色备举。出于东方君子之国，翱翔四海之外，过昆崙，饮砥柱，濯羽弱水，莫宿风穴。见则天下大安宁。"[3]历代凤纹不

---

① 史金波：《西夏社会》，上海人民出版社，2007年，第750页。
② 史金波、聂鸿音、白滨译注：《天盛改旧新定律令》，北京：法律出版社，2000年，第283页。
③ 王平、李建廷编著：《〈说文解字〉标点整理本·鸟部》，上海：上海书店出版社，2016年，第92页。

尽相同，商周凤纹，长尾一足，有冠，多静态状；战国、秦汉，变为二足，尾
上举，多动态刻画；隋唐时期，头冠作朵云状，尾羽卷曲，形似花瓣；宋、
元、明、清凤纹，鸡头鹰嘴，鳞身，长尾，尾羽增多，多数为五歧，少数三歧
或七歧，多呈单数，双数罕见，构成具有较强的装饰性，明显表现出与前期不
同的风格。在这一时期的瓷器上，凤纹成为流行纹饰之一，构成多样，题材扩
大，一般都作为主纹装饰于主要位置。多单位纹的组合，亦有少数组成二方连
续纹样。常见和花卉纹、祥云、龙等组合成云凤、龙凤和凤戏牡丹等图案。这
些寓意纹饰，大多为这时期的创新之作。[1]服饰上的凤鸟纹最早出现在战国时
期的刺绣和织锦上。湖北江陵马山砖厂一号战国楚墓规模不大，但该墓出土的
丝绸刺绣数量之多、保存之完好、色彩之缤纷，都是前所未有的。刺绣品如对
凤对龙纹绣浅黄绢面衾、飞凤纹绣、龙凤虎纹绣禅衣、凤鸟花卉纹绣、蟠龙飞
凤纹绣浅黄绢面衾及龙凤合体相蟠纹绣等，皆用辫绣法绣成。汉代皇帝即有
"凤凰车""凤盖"，皇后有"凤冠"。

《天盛律令》"敕禁门"中规定："一律敕禁……官民女人冠子上插以真金
之凤凰龙样一齐使用。"[2]从中可以看出，皇后等皇族妇女头饰有凤凰龙样，且
可能出现金质龙凤纹饰物。西夏艺术品中有戴类似中原凤冠的实例。《西夏译
经图》画面左下方所绘人物为西夏第三代皇帝惠宗秉常的母亲梁太后（图5-
1）[3]，头戴钿钗凤冠，冠正中一展翅飞翔的凤凰立在莲花座上，两侧有步摇和
花钿。身穿交领宽袖衫，下着长裙，腰前垂绶带并缀璎珞，外披宽袖大衣，手
持香炉，显得威严端庄。太后的发饰和礼服是五代时期贵族妇女常穿的花钗礼
衣，与凉国夫人和唐代妇女凤冠式样相同。[4]凤冠是古代皇后或公主的冠饰，
其上饰有凤凰样珠宝，因以凤凰点缀得名，是中国古代妇女至尊地位的象征，
其渊源可追溯到秦代。秦时已经出现了凤钗，到汉代发展为以凤凰形象为主的
冠饰。汉代太皇太后、皇太后参加祭祀时所戴冠，均插有凤凰形状的饰物。[5]
起初，"凤"并不专用于女性。龙、凤分别象征男女两性，这是唐代以后逐渐
形成的观念。单作为头饰，"凤"却是女性所独有的。[6]凤冠只有皇后或公主才

---

① 吴山编著：《中国纹样全集·宋·元·明·清卷》，济南：山东美术出版社，2009年，第11页。

② 史金波、聂鸿音、白滨译注：《天盛改旧新定律令》，北京：法律出版社，2000年，第282页。

③ 图见俄罗斯国立艾尔米塔什博物馆、西北民族大学、上海古籍出版社：《俄罗斯国立艾尔米塔什博物馆藏黑水城艺术品》Ⅰ，上海：上海古籍出版社，2008年，插图目录45，第39页。

④ 见敦煌莫高窟第427窟甬道凉国夫人凤冠。

⑤ ［南朝］范晔撰，［唐］李贤等注：《后汉书·舆服志》，北京：中华书局，1965年，第3676页。

⑥ 竺小恩：《敦煌服饰文化研究》，杭州：浙江大学出版社，2011年，第188页。

佩戴，通常也只用于隆重庆典，而平民女子只在婚礼上才戴，平时一概不能佩戴。徐珂在《清稗类钞·服饰》中提到："凤冠为古时妇人至尊贵之首饰，汉代惟太皇太后、皇太后入庙之首服，饰以凤凰。其后代有沿革。"[1]宋代后妃在受册、朝谒等隆重场合都戴凤冠，以后进一步繁化为九翚四凤之饰。《宋史·舆服志》："妃首饰花九株，小花同，并两博鬓，冠饰以九翚、四凤。"[2]目前宋代皇后凤冠见之于画像资料，描绘极为精美（图5-2）[3]。与西夏同时代的辽也有凤纹冠饰，内蒙古通辽市奈曼旗青龙山镇的陈国公主墓出土高翅鎏金银冠，冠的正面镂空并錾刻花纹。正中錾刻一个火焰宝珠，左右两面錾刻飞凤，昂首，长尾上翘，展翅做起飞状。两凤周围錾刻变形云纹。冠的两侧立翅、外侧正面中心各錾刻一只展翅欲飞的凤鸟，长尾下垂，周围饰以变形云纹。立翅边缘和冠箍外侧周边錾刻卷草纹。

图5-1　《西夏译经图》中戴凤冠的梁太后

图5-2　宋英宗之高皇后凤冠

　　相较而言，《西夏译经图》中梁太后的凤冠形制与武则天冠式（图5-3）[4]似乎更为接近。《西夏译经图》中秉常和梁太后穿着应是西夏皇帝、太后、皇妃的礼服和冠戴，显然，梁太后的凤冠、花钗及其着装与中原皇太后、太后的冠戴相同。另外，敦煌莫高窟第409窟壁画保存了西夏凤冠的图像资料，该窟东壁门北侧所绘西夏二后妃供养像（图5-4）[5]，头戴桃形大凤冠，凤鸟头部似

---

① 徐珂编撰：《清稗类钞·服饰类·凤冠》，北京：中华书局，2010年，第6196页。

② ［元］脱脱等撰：《宋史·舆服志》，北京：中华书局，1985年，第3535页。

③ 图见傅伯星：《大宋衣冠：图说宋人服饰》，上海：上海古籍出版社，2016年，第44页。

④ 图见华梅：《中国历代〈舆服志〉研究》，北京：商务印书馆，2015年，第225页。

⑤ 图见陈高华、徐吉军主编：《中国服饰通史》，宁波：宁波出版社，2002年，第54页。

图5-3　武则天服饰

图5-4　敦煌莫高窟第409窟东壁北侧
西夏王妃供养像王妃凤冠

孔雀，尾部羽毛卷曲，状若云纹，前胸和身后分别有一蓝色圆形物，外围一圈连珠纹，可能为绿松石。宽发双鬟抱面，耳垂大环，身着大翻领长袍，双手持供养花。依据西夏法典来看，壁画中的女供养人头戴凤冠，应为帝王后妃。此例凤冠配以绿松石装饰，突现出多民族文化融合的特点。

　　西夏法典规定，"一律敕禁……官民女人冠子上插以真金之凤凰龙样一齐使用"①的条文。这条法令还为我们透露了一个重要信息，即在西夏的凤冠上，不仅饰有"凤凰"，同时还可能饰有"龙样"。据《宋史·舆服志》载："其龙凤花钗冠，大小花二十四株，应乘舆冠梁之数，博鬓、冠饰同皇太后，皇后服之，绍兴九年所定也。"②高春明《西夏服饰考》一文认为："西夏时期的凤冠，用的是南宋绍兴年间的冠制。"③实际上，据图像资料反映，早在北宋英宗和神宗时期，皇后的头冠上已同时出现装饰有龙凤纹的花钗（图5-2）。

　　有一点值得我们思考，西夏惠宗之母梁太后一向崇尚"蕃礼"，反对"汉仪"，但其发簪钗的装饰却与北宋后妃"首饰花九株，小花同，并两博鬓"④的仪轨如出一辙，其中缘由颇耐人寻味。而频见于西夏壁画上的凤纹及凤首龙形藻井或许为解开这一疑问提供了参考资料。史金波先生指出，西夏洞窟中以凤纹及凤首龙形藻井"似乎在过去尚未出现过"。西夏前期连续三朝太后专权，这种以凤为中心的藻井也许与西夏太后执政有关。"可能西夏皇太后掌权时

---

①　史金波、聂鸿音、白滨译注：《天盛改旧新定律令》，北京：法律出版社，2000年，第282页。
②　[元] 脱脱等撰：《宋史》卷150，北京：中华书局，1985年，第3534页。
③　高春明：《西夏服饰考》，《艺术设计研究》2014年第1期，第50页。
④　[元] 脱脱等撰：《宋史》卷151，北京：中华书局，1985年，第3535页。

期，为了彰显太后至高无上的地位，在莫高窟重修的洞窟中将制高点藻井井心可以绘制成凤的形象。"①西夏文辞书《文海》解释"凰"为："此者凤凰也，大鸟禽天子之谓。"②解释"凤凰"为："此者鸟天子，凤凰之谓也。"③西夏文诗歌《庄严西行烧香歌》中载："𗼨𗰛𗏵𗗅𗼨𗗚（鸟王凤凰神仙养）。"④由此可以看出，凤凰在西夏人的观念中是祥瑞的象征，是"鸟王""鸟天子"的化身，代表至高无上的地位。那么，西夏梁太后戴凤冠也是权力与地位的象征。

第二节　四瓣莲蕾形金珠冠

　　西夏贵族妇女流行一种形似四片花瓣状的金珠冠，精美别致，具有鲜明的民族特色。此冠主要见于敦煌石窟壁画、俄藏黑水城艺术品中。下举几例保存较好的西夏贵族女子形象以资参考。

　　榆林窟第 29 窟南壁门西侧上下两层女供养人画像（图5-5）⑤。她们均梳圆形高髻，上束四片花瓣形金珠冠，将高髻罩住，额上、两鬓、脑后头发露出冠外。冠有紫、黄、红、黑等色，冠沿及冠梁均有金珠装饰，冠右后侧伸出一枝花钗，双耳垂耳坠。身穿交领右衽窄袖开衩长袍，袍有紫、红、绿等不同颜色，上绘图案花纹，领、袖口饰有花边，内系百褶裙。双手合十，手持供养花。这些女供养人衣装华丽，体态丰腴健美，神态端庄。这种四片花瓣形金珠冠和交领右衽窄袖开衩长袍当为西夏贵族妇女

图 5-5　榆林窟第 29 窟南壁门西侧女供养人服饰临摹图

　　① 史金波：《西夏皇室和敦煌莫高窟刍议》，《西夏学》第四辑，银川：宁夏人民出版社，2009年，第171页。
　　② 史金波、白滨、黄振华：《文海研究》，北京：中国社会科学出版社，1983年，第407页。
　　③ 史金波、白滨、黄振华：《文海研究》，北京：中国社会科学出版社，1983年，第461页。
　　④ 梁松涛：《西夏文〈宫廷诗集〉整理与研究》，上海：上海古籍出版社，2018年，第128、141页。
　　⑤ 宁夏博物馆展陈资料。

常用的冠戴服饰，在俄藏黑水城出土的绢画中可以看到多个相同的例证。

　　俄藏黑水城出土《普贤菩萨和供养人》（图5-6）①。画面右下方有两位女供养人，头梳高髻，上罩四花瓣形金珠冠，余发挽髻垂于背。二者服装华丽，均身穿交领右衽绯色地白花绣袍，领口有浅色锦沿边，袍服齐腰开叉，袍服下部随风飘起，脚蹬乌鞋，脸颊涂抹胭脂。一位手持一盘子，上有一大束花，面前有一块文牍牌，牌上刻"白氏桃花"；另一位双手合十祈求，面前的牌写有"新妇高氏引儿香"，推测当是贵妇白氏领着新娶的儿媳在求子。

图5-6　《普贤菩萨和供养人》女供养人

　　俄藏黑水城出土《阿弥陀佛来迎》（图5-7）②，绘制精美。画面左下角有一男一女二位供养人，皆着长衫。男秃发，手持香炉；女合掌，桃形发髻、上罩四花瓣形冠，饰珠宝。身着红色交领右衽窄袖开衩袍，内系百褶裙。俄藏黑水城出土《佛顶尊胜曼荼罗》（图5-8）③，画面右下角画一身女供养人，头梳高髻，上罩四片花瓣形金珠冠，余发披肩。身着绯色交领右衽窄袖开衩袍，上绘点状菱形图案，内系百褶裙，双手合十。俄藏黑水城出土《比丘像》（图5-9）④，画面右下角女供养人头梳高髻，上罩四花瓣形冠，额上、两鬓、脑后头发露出冠外。冠沿及冠梁均有稠密的金珠装饰，冠后侧伸出一枝花钗，双耳垂耳坠。身穿红色交领右衽窄袖开衩长袍，上面有小团花纹样，内系百褶裙。面相丰圆，上施红粉，双手合十。其服饰与上述图中女供养人相同。俄藏黑水城出土《高王观音经》（图5-10）⑤，在观音菩萨面前有男女

---

　　①图见俄罗斯国立艾尔米塔什博物馆、西北民族大学、上海古籍出版社编：《俄罗斯国立艾尔米塔什博物馆藏黑水城艺术品》Ⅰ，上海：上海古籍出版社，2008年，图版30。
　　②图见俄罗斯国立艾尔米塔什博物馆、西北民族大学、上海古籍出版社编：《俄罗斯国立艾尔米塔什博物馆藏黑水城艺术品》Ⅰ，上海：上海古籍出版社，2008年，图版12。
　　③图见台北历史博物馆编译小组：《丝路上消失的王国——西夏黑水城的佛教艺术》，台北：台北历史博物馆，1996年，第145页。
　　④图见"台北国立历史博物馆"编译小组：《丝路上消失的王国——西夏黑水城的佛教艺术》，台北：台北历史博物馆"，1996年，第239页。
　　⑤图见俄罗斯科学院东方研究所圣彼得堡分所、中国社会科学院民族研究所、上海古籍出版社编：《俄罗斯科学院东方研究所圣彼得堡分所藏黑水城文献》③，上海：上海古籍出版社，1996年，第36页。

供养人两身。女供养人也是头戴四花瓣形金珠冠，冠中有长带垂下，身着交领右衽窄袖开衩袍，上面有小团花纹样，内系百褶裙。双手合十做供养状，与《比丘像》中女供养人的服饰相似。

　　瓜州东千佛洞西夏石窟有戴四片花瓣形金珠冠的女供养人像，虽然壁面剥落严重，但依稀可以看到人物的衣着冠式。其中第2窟北壁有6身女供养人，她们均头戴高耸的四片花瓣形金珠冠，冠后佩长花钿，鬓边垂冠缨，或是花钿。身着交领右衽窄袖长袍。第1身女供养人形象尤为清晰，着交领右衽窄袖长袍，头戴四瓣形花冠，冠后佩长花钿，鬓边垂冠缨。第4窟龛内左右壁壁画已剥蚀不清，从残迹看为垂帐纹下立着几身供养人，仅残存左外侧一身女供养人，头戴高耸的四花瓣形冠，冠侧佩长花钿，身着长袍，面部被垂帐纹遮盖。第5窟南壁窟脚要比北壁残损更为严重，女供养人绝大部分已剥落无存。仅位于南壁右角的2身女供养人尚且可以看清其形象。从残迹看，头戴高耸的四花瓣形金珠冠，身着交领右衽窄袖长袍，手拿花枝，身前红色界栏内都有西夏文题名。其一为"行愿施主瑞女"。女供养人的头冠线描图示与榆林窟第29窟、俄藏黑水城出土西夏女贵族供养人所戴头冠类似，表明她们具有较高的社会地位。

图5-7　俄藏黑水城出土《阿弥陀佛来迎》供养人　　图5-8　俄藏黑水城出土《佛顶尊胜曼荼罗》供养人　　图5-9　俄藏黑水城出土《比丘像》供养人　　图5-10　俄藏黑水城出土《高王观音经》供养人

　　在上述这些图像资料中，妇女头冠衣着共性是头梳圆形高髻，上罩四花瓣形冠，额上、两鬓、脑后头发露出冠外。冠沿及冠梁均有稠密的金珠装饰，冠右后侧伸出一枝花钗，双耳垂耳坠。头冠整体呈金黄色。身着红色交领右衽窄袖开衩长袍，上面有小团花纹样，内系百褶裙。面相丰圆，上施红粉，双手合十。

西夏女子所戴的这种冠饰，与回鹘女子的桃形冠有很大相似性，可能是受到回鹘贵族妇女桃形冠的影响。桃形冠因冠的形状下大上小，形如仙桃而得名。桃形冠是回鹘妇女最有代表性的一种冠饰，因其特征显著而为大家所熟知。此冠是一种金制或镀金的冠，用它把高髻网住固定起来，余发下垂或披肩，形象美观大方。李肖冰在《中国西域民族服饰研究》指出："回鹘公主供养像着装华丽，头梳高髻，戴桃形镂金冠，镂刻纹饰，攒花钗、步摇，是上有垂珠的一种垂摇头饰，戴在头顶之发髻上。后垂红结绶带，显得华贵、端庄。"[1]

回鹘女子佩戴桃形冠有不同形式：王妃、公主的发髻冠饰，是在梳好的圆球形发髻上戴一个镂刻凤鸟花纹的桃形金冠，冠上插各种金簪、花钗、步摇等饰品；贵族妇女是在梳好的圆球形发髻上戴一个没有凤鸟花纹的桃形金冠，其上插各种金簪、花钗、步摇等饰品。[2]基本形制如莫高窟第61窟回鹘公主供养像（图5-11）[3]、五代曹议金夫人供养像（图5-12）[4]和五代回鹘夫人供养像（图5-13）[5]所示。莫高窟回鹘天公主、贵妇、仕女等供养人像均梳回鹘髻，戴镂刻纹饰的桃形金冠或凤冠，插发钗和步摇或饰花。并"头后结有红色绶带。"桃形冠、红绶带、回鹘髻、髻发包面、项饰瑟瑟珠，这是回鹘妇女的妆饰习俗。[6]莫高窟第61窟是曹议金家眷之回鹘公主画像，按照回鹘人的称谓习惯，称"天公主"。[7]从榜题中可知，这位天公主是于阗国王李天圣的第三女、曹议金的外孙女。此身天公主桃形凤冠、发髻、步摇、金钗、项链上镶嵌甚多绿宝石。桃形宝石凤冠尤为突出。三位天公主皆头梳高发髻，戴桃形凤冠，上插金钗步摇，后垂红结绶，髻发包面。[8]

依据图像来看，西夏贵族妇女所戴这种冠饰是由回鹘妇女桃形金冠的基础上改制而来，将原来的"桃形"改为四片花蕾瓣状。主要特点是在已梳好的圆

---

① 李肖冰：《中国西域民族服饰研究》，乌鲁木齐：新疆人民出版社，1995年，第235页。

② 谢静：《西夏服饰研究之三——北方各少数民族对西夏服饰的影响》，《艺术设计研究》2010年第1期，第61页。

③ 崔岩、楚艳：《敦煌石窟回鹘公主供养像服饰图案研究》，《艺术设计研究》2019年第1期，第50页。

④ 图见李肖冰：《中国西域民族服饰研究》，乌鲁木齐：新疆人民出版社，1995年，第234页。

⑤ 图见敦煌研究院编：《中国石窟·安西榆林窟》，北京：文物出版社，2012年，图版57、58。

⑥ 竺小恩：《敦煌服饰文化研究》，杭州：浙江大学出版社，2011年，第188页。

⑦ 回鹘可汗之女，被称为"天公主"。

⑧ 竺小恩：《敦煌服饰文化研究》，杭州：浙江大学出版社，2011年，第187页。

形高髻上束具有四片花瓣形的连珠纹金珠冠，将高髻罩住，额上、两鬓、脑后头发均露出冠外，冠有紫、黄、红、黑等色，冠沿及冠梁均有金珠装饰；冠右后侧伸出一枝花钗，双耳垂耳坠。形成了独具西夏民族特色的冠饰。学界将西夏贵族妇女所戴这种四片花瓣形冠饰称为"四瓣莲蕾形金珠冠"。①

图5-11　莫高窟第61窟回鹘公主供养像　　　图5-12　五代曹议金夫人供养像复原图　　　图5-13　榆林窟第16窟五代回鹘夫人供养像

　　回鹘妇女的桃形冠依照身份等级来确定是否有凤冠，即回鹘的天公主佩戴镂刻凤纹的桃形冠，其他身份的贵族妇女戴无凤鸟花纹的桃形金冠。西夏的四瓣莲蕾形金珠冠无论身份高低，均是没有凤纹的。

第三节　桃形冠

　　除了戴四瓣莲蕾形金珠冠外，西夏贵族、普通官员妇女也戴桃形冠。
　　榆林窟第2窟西壁门南侧《水月观音图》下女供养人（图5-14）②，细节虽已漫漶不清，但基本轮廓尚可辨析。她们头梳高髻，戴桃形花冠，冠左右插步摇、金簪，余发垂肩，耳垂耳坠，身穿红色交领右衽窄袖开衩长袍，内衬中单，下穿百褶长裙，裙左右两侧佩绶带，前方绅带双垂，脚穿尖钩鞋，双手合

　　① 谢静：《敦煌石窟中西夏供养人服饰研究》，《敦煌研究》2007年第3期，第29页。
　　② 图见《中国壁画全集》编委会编：《中国美术分类全集·中国敦煌壁画全集·10》"敦煌西夏元卷"，天津：天津人民美术出版社，1996年，第58页。

十，持花枝，做供养状。榆林窟第3窟甬道南壁上部存西夏女供养人像，画面已经非常模糊，大致能看出女供养人头梳高髻，戴桃形花冠，花冠左右插步摇、金簪，余发垂肩，颈饰长项链，耳垂耳坠，内穿小翻领衬衣，下系百褶长裙，外着交领右衽窄袖长袍，袍侧开衩，足蹬弓履。双手合十，持花枝，做供养状，与第2窟女供养人的服饰相同。

图5-14-1　榆林窟第2窟西夏女供养人像

图5-14-2　榆林窟第2窟西夏女
供养人线描图

　　谢静认为，西夏妇女的桃花形冠可能是西夏低级官员的家属或西夏富裕大户妇女所戴的冠。[①]判断的依据大概是因西夏的桃花形冠图像资料不多见，且所见者又极为模糊，不易观察细节。《中国敦煌壁画人物艺术》（图5-15）[②]、《中国历代服饰史》中复原的西夏女供养人桃形冠式（图5-16）[③]有清晰可辨的凤凰纹样。遗憾于两部著述中并没有明确交代原图的出处，因西夏妇女桃形冠图像实例不多见，这就导致我们无法肯定这些戴桃形凤冠人物形象是否确定为西夏。两例凤纹桃形冠与莫高窟第61窟回鹘公主供养人之桃形凤冠（图5-17）[④]造型完全一致。若确定为西夏桃形凤冠，依据西夏法典"禁止官民女人冠子上插以真金之凤凰龙样等饰物"[⑤]的规定，推测这种凤纹桃形冠饰应是西夏王妃、公主专用之冠。另外，与莲蕾形金珠冠不同是的，西夏桃形冠显然更接近于回鹘妇女桃形冠的原型。西夏妇女佩戴桃形冠者，依据身份和族属不同

　　① 谢静：《敦煌石窟中的少数民族服饰研究》，兰州：甘肃教育出版社，2016年，第318页。
　　② 图见郑军、朱娜著：《中国敦煌壁画人物艺术》，北京：人民美术出版社，2008年，第271页。
　　③ 图见李肖冰：《中国西域民族服饰研究》，乌鲁木齐：新疆人民出版社，1995年，第235页。袁杰英：《中国历代服饰史》，北京：高等教育出版社，1994年，第147页。
　　④ 崔岩、楚艳：《敦煌石窟回鹘公主供养像服饰图案研究》，《艺术设计研究》2019年第1期，第50页。
　　⑤ 史金波、聂鸿音、白滨译注：《天盛改旧新定律令》，北京：法律出版社，2000年，第282页。

图5-15　戴桃形冠西夏女
供养人

图5-16　戴桃形冠西夏
女供养人

图5-17　莫高窟第61窟回鹘
公主凤冠

可分为两种情况：戴凤纹桃形冠者可能是西夏王妃、
公主；无凤纹装饰的桃形冠佩戴者可能是西夏低级官
员的家眷或生活在西夏的回鹘妇女。回鹘是西夏境内
的一个重要民族，且西夏允许各民族通婚。

　　敦煌莫高窟第409窟东壁北侧有二身女供养人
（图5-18）①，头戴桃形大凤冠，冠身为云纹饰，内
嵌两颗绿松石，冠后垂红结绶，宽发双鬟抱面，耳坠
大环，身着绯红白色翻领翻袖口大袍，依据袍服的质
感，应是冬季服装。形象端庄大方，更显雍容华贵。
关于此窟东壁南北两侧男女供养像身份和属族问题，
学术界颇有争议，有学者认为是回鹘王及王妃供养
像。史金波先生著文对此问题进行了详细考述，认为
莫高窟第409窟东壁门南侧所绘是西夏皇帝供养像，
与相对的东壁南侧男供养人像的身份对比分析，二女
供养人应是西夏王妃像。②正因为西夏贵族妇女阶层
普遍流行类似回鹘贵族妇女的桃形冠，且西夏的衣装

图5-18　西夏王妃供养像
复原图

冠饰受到回鹘服饰的深刻影响。一直以来，学界都对莫高窟第409窟东壁南北
两侧供养人的属族问题存在很大争议，可见，回鹘服饰文化对西夏的影响是极
其深远的。敦煌莫高窟第409窟女供养人的桃形大凤冠与回鹘夫人供养像、曹

---

① 图见陈高华、徐吉军主编：《中国服饰通史》，宁波：宁波出版社，2002年，第54页。
② 史金波：《西夏皇室和敦煌莫高窟刍议》，《西夏学》第四辑，银川：宁夏人民出版社，2009年。

议金夫人供养像[1]所戴桃形冠形制基本相同，只是后两者所戴桃形冠不及莫高窟供养人的大，且无绿松石装饰，不及前者华贵。

第四节　其他冠饰

西夏妇女头饰相对比较简单。如黑水城出土《摩利支天》画面底部左右有一男一女两位供养人。男供养人持香炉，女供养人发髻上只插一朵黄花（或许是金饰），佩饰极为简单。领口处的内衣小领翻出袍外，左侧开衩处有垂饰以串，黑色鞋头向上翘。合掌抱持一束花。

另有部分图像漫漶不清，不能明确辨认其冠式形状。如俄藏黑水城出土丝质卷轴《阿弥陀佛来迎》画面左下角的高髻女亡者，身穿颈部绲边的长礼服，

图5-19　西夏文《千佛名经》
残页插图

梳高髻，至于是否有佩饰，看不清楚。能够确定的是，此亡女梳高髻。

出土于内蒙古额济纳旗达兰库布镇古庙中的女供养人塑像，身高123厘米，左右手残损。身披宽博通肩花大衣，上身内衣外璎珞结于胸前，下着长裙，裙间有花纹饰带，鬓似有簪，但无法辨别其冠饰。

宁夏青铜峡一百零八塔出土，现藏于宁夏博物馆的西夏文《千佛名经》残页插图（图5-19）[2]，绘一有头光的女供养人，头戴花钗，着宽袖交领衣，具有明显的汉族服饰特征。依衣着来看，不应是普通平民。

第五节　贵族妇女冠饰反映的几个问题

一、回鹘服饰对西夏的影响

西夏党项族贵族妇女主要流行两种冠饰：四瓣莲蕾形金珠冠和桃形冠。
四瓣莲蕾形金珠冠是对回鹘妇女桃形冠的借鉴与再创，使其成为具有西夏

① 李肖冰：《中国西域民族服饰研究》，乌鲁木齐：新疆人民出版社，1995年，第234页。
② 图见汤晓芳等主编、西夏博物馆编：《西夏艺术》，银川：宁夏人民出版社，2003年，第49页。

特色的冠戴。桃形花冠，则是对回鹘桃形冠饰的沿袭。西夏存在这种冠饰有两种可能：一是受到回鹘服饰的影响，回鹘王妃、公主、贵族妇女都戴此种冠饰；二是西夏境内戴此冠者有些可能就是回鹘妇女，在西夏境内本就有回鹘民族，且允许各民族之间通婚。①

回鹘是一个具有高度文化内涵的民族。1036年，元昊击败沙州回鹘，大部分回鹘人成为西夏的属民，对西夏的文化产生很大的影响，尤其对西夏的佛教发展起到了推动作用，对西夏男女服饰的突出影响则主要体现在冠饰方面。

早在唐代时，就流行"回鹘髻"。据《新五代史》记载："妇人总发为髻，高五六寸，以红绢囊之。"②其方法就是把头发从根部扎住，梳成发髻，然后用红绸缠裹，如一个圆球，高约五六寸。这种发髻在唐代时称谓"回鹘髻"，是唐代妇女争相效仿的一种时尚发髻。西夏沿袭了回鹘髻，且有所创新。西夏贵族妇女的四瓣莲蕾形金珠冠和桃形金冠，就深受回鹘服饰文化的影响。

二、西夏妇女服饰与其身份

西夏法典明确规定："次等司承旨、中等司正以上嫡妻、女、媳等戴冠、此外不允许戴冠。"③可见，西夏社会的普通妇女不允许戴冠，只有官宦人家身份地位高贵的女眷才有权戴冠。因此，阶级地位决定了其所着衣冠服饰的样式。

按衣装而言，《阿弥陀佛来迎》《普贤菩萨和供养人》、俄藏《比丘像》中女供养人的服饰和发饰，显示她们是上层社会的妇女，甚至可能是王室的成员。如《普贤菩萨和供养人》画中二位女供养人姓白和姓高，反映西夏的国名，即"白高大夏国"。《比丘像》中男供养人身着绯衣，头戴金镂冠；而女供养人也身着绯衣，衣上有金色图案。依据西夏法律规定：平民不准着军服，以及有镀金装饰或金线织成的礼服。（国王亲戚的）妻子、女儿、媳妇，高官的妻子，内宫的侍从，必须得到特别的允许才可着以金编织或装饰的衣服。④《比丘像》中男女供养人可谓"通身饰金"，这种现象在西夏艺术品中是极少见的。男供养人头戴金帖起云镂冠，衣领、衣袖、腰间抱肚和垂带也为饰金工艺；女供养人头戴金珠冠，冠身饰满金色小珠，身穿织金团花的绯色长袍。二人服饰色彩鲜艳，华贵富丽，做工考究。据衣饰来看，二人身份并非官员及家

①　谢静：《敦煌石窟中西夏供养人服饰研究》，《敦煌研究》2007年第3期。

②　[宋] 欧阳修撰：《新五代史》卷七十四，北京：中华书局，1974年，第916页。

③　史金波、聂鸿音、白滨译注：《天盛改旧新定律令》，北京：法律出版社，2000年，第283页。

④　台北历史博物馆编译小组编：《丝路上消失的王国——西夏黑水城的佛教艺术》，台北：台北历史博物馆，1996年，第87页。

眷，应是西夏的某位皇帝及后妃。

按冠饰而言，《西夏译经图》中戴凤冠的梁太后身份地位自然是最高的。莫高窟第409窟西夏王妃所戴桃形冠是有凤鸟花纹的，是高贵地位的象征。此外，榆林窟第2窟西夏壁画供养人等所戴桃形冠无凤鸟花纹，应是西夏身份较低官员的家属。

总之，凤冠、四瓣莲蕾形金珠冠和桃形冠都是西夏贵族妇女身份地位的象征。普通平民是无权戴此冠的。从上述衣冠服饰可以看出，在阶级社会里，服饰乃是阶级差别一种反映，即所谓"用此以别贵贱"。[①]

小 结

依据西夏法典的规定，西夏普通妇女是不能戴冠的，只有高级官员的女眷才可以戴冠。西夏贵族女子，主要戴四瓣莲蕾形金珠、桃形冠饰。戴冠时，先梳高髻，是上戴冠，将发髻罩住，两鬓、脑后头发都露出冠外。冠上有金珠装饰，珠有黄色、红色、紫色、黑色等。冠后插花钗、金簪。西夏后妃、贵妇所戴四瓣莲蕾形金珠冠和桃形冠别具民族特色，使西夏服饰显得格外华丽、高贵。

西夏贵族女供养人形象造像、衣冠服饰、色彩运用及艺术风格，与回鹘人物形象相似，这既有文化上的密切联系，又体现生活习俗上的相互融合。[②]其主要原因在于他们共同生活在一个广阔而深厚的社会历史背景之中，并和精神文化内涵相关联。因此，地域性与民族性不是一成不变的，它存在着融合性。由于朝代的更迭、民族之间互相接触与往来，逐渐形成了衣冠服饰的借鉴与传承。这也充分证明西夏对外来先进文化有着兼容并蓄的豁达的胸襟。

---

① 王静如：《敦煌莫高窟和安西榆林窟中的西夏壁画》，《文物》1980年第9期，第51页。
② 李肖冰：《中国西域民族服饰研究》，乌鲁木齐：新疆人民出版社，1995年，第235页。

第六章　平民帽式

　　元昊即位后，对文武百官的朝服、便服和庶民百姓服装颜色制定了严格的制度，规定"民庶青绿，以别贵贱。"①所谓"民庶"，一般是指没有官职的普通民众，涵盖的范围较广。本研究将普通劳动者、商人和侍者等阶层均纳为民庶范围。

　　史金波先生《西夏社会》将文献中关于西夏男子的冠戴做了专门整理：汉文本《杂字》中有暖帽、巾子、幞头、帽子等；《番汉合时掌中珠》记有冠帽、凉笠、暖帽、毡帽；西夏文《三才杂字》"男服"项下有冠戴、围巾、朝帽、发冠等词汇。②反映了西夏冠饰类型多样，虽然这些冠饰仅见于名词记载，并无任何注解，但可以看出，这些词汇体现的主要是普通民众的冠戴。

　　结合学界的研究成果和笔者整理的资料，西夏平民冠戴大概有如下类型：毡帽、巾帕、幞头、帷帽等。

第一节　毡帽

　　《番汉合时掌中珠》中收录有𧤛𧤛（暖帽）、𧤛𧤛（毡帽）、𧤛𧤛（皮裘）等词。俄罗斯西夏学者捷连吉耶夫–卡坦斯基《西夏物质文化》引聂历山词典中一句话，为"黑头（平民）戴毡帽"，③明确体现出"戴毡冠"者为平民。此书还整理了不少关于皮毛、毡制品的词汇，其中毡帽类有：

　　𧤛𧤛：女用头饰、棉帽。④

　　①［元］脱脱等撰：《宋史·夏国传》上，北京：中华书局，1985年，第13993页。
　　②史金波：《西夏社会》，上海：上海人民出版社，2007年，第684页。
　　③［俄］捷连吉耶夫–卡坦斯基著，崔红芬、文志勇译：《西夏物质文化》，北京：民族出版社，2006年，第50页。
　　④［俄］捷连吉耶夫–卡坦斯基著，崔红芬、文志勇译：《西夏物质文化》，北京：民族出版社，2006年，第228页。

𗣼𗼃：防寒帽、保暖帽（聂历山《西夏语文学》卷一，第286页）。[①]

𗼁𗼃：毡帽（聂历山《西夏语文学》卷一，第170页）。[②]

𗾺𗫂𗼁𘝼𗈬：黑头平民戴毡帽（聂历山《西夏语文学》卷一，第170页）。[③]

从上述这些词汇可以看出，生活在西北地区的西夏人，冬季毡帽的使用率还是比较高的。毡帽是用兽皮、毛毡等制成的，适合于冬季保暖，也被称为"暖帽"，是游牧民族特有的冠戴。党项族早期游牧于我国青藏高原一带，食"牦牛、马、驴、羊"，衣"裘褐"、披"大毡"，其服饰不可能脱离游牧民族"衣皮毛"的固有特性，又因党项人早期的居住地"气候多风寒，五月草始生，八月霜雪降"[④]，因此党项人无论贵贱皆戴毡帽借以取暖。《宋史·夏国传》载元昊对其父向宋称臣之事表示反对，言："衣皮毛，事畜牧，蕃性所便。英雄之生，当王霸耳，何锦绮为？"[⑤]从中看到党项族人本身就是畜牧为主要生产方式，皮毛制品是主要的生活物资。沈从文先生《中国古代服饰研究》论及西夏冠戴，认为安西榆林窟壁画中西夏男供养人所戴之冠，"远法古代皮弁，近受唐流行毡帽的影响，和宋代东坡巾亦有相似之处，只是易平顶为尖顶。这种尖锥形毡帽，唐代实来自西北地区。"[⑥]说明党项族的毡帽在材质上虽以皮毛为主，但在形制上则深受中原汉族帽式的影响。沈从文先生所言的这种"尖顶"毡帽亦见于莫高窟第409窟东壁门南侧绘西夏皇帝供养像。

第二节　巾帕

古时扎巾者多见于庶民百姓和兵士，故出现以头巾称呼庶民的情况。庶民多用黑色的头巾，黔和黎都为黑色，所以古代将庶民称为"黔首"或"黎民"。兵士常常以青色巾帕裹头，于是将士卒称为"苍头"。扎巾的人物形象在汉代的墓室壁画和画像石上已有出现，且多为农夫、士兵、屠夫、厨人、杂

---

① ［俄］捷连吉耶夫–卡坦斯基著，崔红芬、文志勇译：《西夏物质文化》，北京：民族出版社，2006年，第229页。

② ［俄］捷连吉耶夫–卡坦斯基著，崔红芬、文志勇译：《西夏物质文化》，北京：民族出版社，2006年，第229页。

③ ［俄］捷连吉耶夫–卡坦斯基著，崔红芬、文志勇译：《西夏物质文化》，北京：民族出版社，2006年，第229页。

④ ［后晋］刘昫等撰：《旧唐书·西戎·党项羌》，北京：中华书局，1975年，第5290—5291页。

⑤ ［元］脱脱等撰：《宋史·夏国传》上，北京：中华书局，1985年，第13993页。

⑥ 沈从文：《中国古代服饰研究》，北京：商务印书馆，2011年，第577页。

技、百戏人物。①宋代是头巾盛行的时期，通常是将头巾缝制成各种特殊形状，使用时只需朝头上一戴，无须系裹。由于头巾的款式不同，故名称叫法也各不相同。除了平民百姓，士大夫阶层也喜用。有时还可借此辨别戴巾者的职业身份。宋吴自牧《梦粱录》："士农工商、诸行百户衣巾装着，皆有等差，……街市买卖人，各有服色头巾，各可辨认是何名目人。"②

《宋史·夏国传》载西夏元昊时期"民庶青绿，以别贵贱"，这只是从颜色上为民庶的服装做一大致的界定，至于平民服制的具体情况则未能涉及。西夏史料中提到党项人初期"服裘褐"及"褐布"等，这种衣服质料在西夏统治者已经"衣锦绮"时，仍是下层平民的主要穿着衣料。与此相应，当皇室、贵族冠金戴银时，裹巾帕、戴幞头这种最朴素简易的装束，仍是平民阶层的主要首服。西夏《番汉合时掌中珠》、西夏汉文本《杂字》、西夏文《三才杂字》中关于冠帽的记载丰富多样，其中就有暖帽、头巾、幞头、帽子等词语。③头巾亦称头帕，是以纱罗布葛缝合，其形如韬，用以裹头。《释名·释首饰》曰："巾，帻也，（男子）二十成人，士冠，庶人巾。"④为一般平民所服。

西夏男子效仿汉俗也用头巾。从《天盛改旧新定律令》可知，在西夏天盛年间，朝廷还用法律规定汉族男子必须戴巾："汉臣僚当戴汉式头巾。违律不戴汉式（头巾）时，有官罚马一，庶人十三杖。"⑤西夏律令提供了重要的信息，从中可得知，西夏头巾式样之来源，即"汉式"。因此可以推测，律令中不戴汉式头巾的汉族臣僚，当受到处罚，而庶民更要受到杖责之刑，这说明大多数汉族臣僚在西夏官阶中的地位并不高。

戴头巾的西夏男子形象，在甘肃武威西郊林场出土的木板画、内蒙古黑水城出土的卷轴画中都有反映。榆林窟第29窟真义国师鲜卑智海身后有一持伞侍从，头扎巾，身穿窄袖圆领衫、腰束带。在榆林窟第3窟壁画所绘《牛耕图》《踏碓图》《锻铁图》和《酿酒图》中，可以看到系裹各种头巾的西夏男子形象。榆林窟第3窟东壁南侧五十一面千手观音变中的《耕作图》《舂米图》《锻铁图》《酿作图》展现了平民劳动的场面，形象而真实地反映出西夏普通劳动者的服饰。《耕作图》中扶犁农夫头裹白色巾帕，穿交领大襟短褐衣，左手扬鞭，卷袖，下穿窄裤，卷裤口，足蹬麻鞋。便于在田地中操犁行走。《舂米

① 谢静：《敦煌石窟中的少数民族服饰研究》，兰州：甘肃教育出版社，2016年，第49页。
② [宋] 吴自牧：《梦粱录》卷十八，杭州：浙江人民出版社，1984年，第161页。
③ 史金波：《西夏社会》，上海：上海人民出版社，2007年，第684页。
④ [汉] 刘熙：《释名》卷四，丛书集成初编本，北京：中华书局，1983年，第73页。
⑤ 史金波、聂鸿音、白滨译注：《天盛改旧新定律令》，北京：法律出版社，2000年，第431页。

图》中踏碓人扎黑头巾，身着交领大襟短衫，腰束带，下着窄裤，卷裤口，足穿麻鞋，穿着俭朴方便。《锻铁图》（图6-1）中有三男子皆扎头巾。《酿作图》（图6-2）绘两位女子，头裹巾帕，似为包髻。一人吹炊，一人持钵，旁置酒壶、贮酒槽、木桶各一，应是家庭酿酒的写实。榆林窟第3窟平民服装的基本特点是：质料一般，从衣纹褶皱情况看，只是褐布而已；颜色简单，一件衣料为一种颜色，或深或浅；冠戴简洁，男女均仅裹布帕，无佩饰。这些劳动者与宋代裹巾子、对襟短衣或背心农民（图6-3）[1]的衣着相似，裹巾子既经济又方便，是劳动者的身份象征。

图6-1　榆林窟第3窟《锻铁图》[2]

图6-1　榆林窟第3窟《锻铁图》线描图[3]

图6-2　榆林窟第3窟《酿作图》[4]

图6-2　榆林窟第3窟《酿作图》线描图[5]

[1] 沈从文：《中国古代服饰研究》，北京：商务印书馆，2011年，第480页。
[2] 图见敦煌研究院编：《中国石窟·安西榆林窟》，北京：文物出版社，2012年，图版146。
[3] 图见敦煌研究院编：《中国石窟·安西榆林窟》，北京：文物出版社，2012年，图版173。
[4] 图见敦煌研究院编：《中国石窟·安西榆林窟》，北京：文物出版社，2012年，图版146。
[5] 图见敦煌研究院编：《中国石窟·安西榆林窟》，北京：文物出版社，2012年，图版173。

图6-3 南宋《耕织图》裹巾子农民①

甘肃武威西郊先后共发现五座西夏墓，出土的木板画中绘有武士、男女侍从、驭马人、随侍、老仆、童子等各种人物形象。这批木板画人物多为平民身份，其中一幅绘一老仆3/4右侧面像，头戴黑巾，着圆领长袍，作拱手状（图6-4）。②另有一幅"背袋男侍木板画"，男子正面像，头戴方巾，为深灰色或青绿色，因年代久远，色彩不易辨清。着交领宽袖长衫，两腿并立，弯腰呈90°，背负一大袋，头上仰，是典型的劳动者形象。

图6-4 西夏武威木板画戴黑巾的老仆

西夏平民女子及侍女也大都梳高髻，髻上或无任何饰物，或仅饰一朵小花（花钗）。如武威西夏墓出土的五侍女木板画上的前四名侍女和黑水城出土《摩利支天图》右下角一女子即如此。陈育宁先生指出："有的唐卡中出现的女施主发髻上只插一朵小黄花（或许是金饰），这是普通妇女服饰的一种装束。"③实际上，平民女子发髻上饰普通材质花饰的

① 图见沈从文：《中国古代服饰研究》，北京：商务印书馆，2011年，第480页。
② 图见史金波、俄军：《西夏文物·甘肃编》，北京：中华书局、天津：天津古籍出版社，2014年，第1583页。
③ 陈育宁、汤晓芳：《西夏艺术史》，上海：上海三联书店，2010年，第292页。

可能性更大，因为西夏法典规定黄色、饰金只允许皇族和佛教人物使用。西夏佛经多幅插图版画，为我们提供了普通劳动妇女形象，这些妇女主要裹布帕，只将头发简单挽起，人物衣装冠饰具有中原汉族服饰特征。

西夏平民女子头饰比起贵族妇女来要素净、朴实得多。头裹巾帕，显得轻便、干练，便于劳作。

第三节　幞头

我们在第二章探讨西夏文官帽式时讲到幞头，西夏首服有据可证的首推幞头，西夏统治者将"幞头"纳为国家法律范畴。文献记载，西夏显道二年（1033年），元昊规定"文资则幞头、靴笏、紫衣、绯衣……"①流行于西夏的幞头主要有展脚幞头、软脚幞头、直脚幞头、硬脚幞头、无脚幞头、交脚幞头和长脚罗幞头等。实际上幞头并不具有鲜明的阶级性，它是古代各阶层男子（包括庶民阶层）常用头衣。陆游《老学庵笔记》卷九："〈孙策传〉：'张津常著绛帕头'。帕头者，巾帻之类，犹今言幞头也。"②"帕头"，其实就是幞头的原始形态。幞头是由汉魏时流行的方形幅巾衍变而来，初时称软裹，后经历朝历代不断演变，又出现了硬裹，是我国古代男子最重要的首服。

除文献记载文官戴幞头外，据图像资料反映，西夏平民亦戴此种帽式。榆林窟第2窟东壁中间西夏《商人遇盗图》（图6-5）③中商人戴软脚幞头，身穿圆领长袍，强盗头裹青巾，上身披软甲，外罩长袍。人物形象似为汉人。④榆林窟第3窟东壁南侧五十一面千手观音变《舂米图》右部有一圆台，台上三男子均作舞蹈状，似在表演杂技。三人皆戴黑色帽子，因图像漫漶不清，无法辨清帽子的细节，但从左侧略为清晰的人物画像观察，此帽应为展脚幞头。武威西郊林场西夏墓出土木板画中的一男侍从（图6-6）⑤，头戴展脚幞头、着蓝色圆领宽袖长衫，作拱手状。其服饰为汉族侍从形象。陈育宁先生也指出："西夏下层苦力男人的首服特征是幞头、扎巾。"⑥

---

① [元] 脱脱等撰：《宋史·夏国传》上，北京：中华书局，1985年，第13993页。
② [宋] 陆游撰，李剑雄、刘德权点校：《老学庵笔记》，北京：中华书局，1979年，第116页。
③ 图见敦煌研究院编：《中国石窟·安西榆林窟》，北京：文物出版社，2012年，图版133。
④ 史金波：《西夏社会》，上海：上海人民出版社，2007年，第676页。
⑤ 图见史金波、俄军：《西夏文物·甘肃编》，北京：中华书局、天津：天津古籍出版社，2014年，第1581页。
⑥ 陈育宁、汤晓芳：《西夏艺术史》，上海：上海三联书店，2010年，第286页。

图6-5　榆林窟第2窟东壁西夏《商人遇盗图》戴软脚幞头的商人帽式线描图（笔者绘）

图6-6　武威西夏墓出土木板画中戴幞头侍从帽式线描图（笔者绘）

　　宋代农作图中亦有平民男子戴幞头形象。敦煌莫高窟第61窟壁画绘戴折上巾（又称交脚幞头）或笠子帽、圆领缺胯衫子农民和短襦、长裙农妇耕地、收割、扬场情景的农作图。[①]宋、夏时期平民戴幞头的图像资料相当丰富，据此可知，平民戴幞头也是那一时期的普遍现象，西夏平民戴幞头是受生产方式的改变和汉文化影响。

---

　　① 沈从文：《中国古代服饰研究》，北京：商务印书馆，2011年，第478页。

第四节　帷帽

宁夏灵武磁窑堡窑出土了不少西夏瓷质雕塑，其中有一件戴帷帽人物形象，头像较残，残高3.4厘米，所戴帷帽施褐釉，脸施青釉。其近脸部边沿上有联珠纹一排（图6-7）[①]，有学者认为此为"风帽"[②]。风帽，亦称"风兜"，系一种挡风的暖帽。帽下有裙，戴时兜住两耳，披及肩背。[③]笔者以为，灵武磁窑堡人物雕塑的帽式与帷帽更为接近。帷帽产生于隋代，是妇女出门远行时用的首服。唐初一度被废，高宗时重新兴起，取代幂䍦。帷帽戴卸方便，且可将脸部"浅露"在外。帷帽与风帽的主要区别在于前者帽裙约至颈部即可，后者帽裙则长至肩背。起初，帷帽是为了遮蔽风沙的。唐、宋时，帷帽成了女子出行时遮蔽面容，不让路人窥视的帽子。形制上，帷帽是在四缘悬挂一圈网子，下垂至颈，网帘上还常加饰珠翠（图6-8）。[④]对比灵武磁窑堡出土的西夏瓷塑和唐三彩俑正面像，两者帽式形制极为相似，都是帽幔下垂至颈部，头部全部被遮，只露出整个面部；另外，《西夏美术史》载"其近脸部边沿上有联珠纹一排"，而《中国传统服饰》记：古代帷帽"下垂至颈，网帘上还常加饰珠翠"[⑤]，西夏瓷塑和唐三彩俑两者都有联珠翠装饰。西夏地处西北，冬季倍严寒，春秋多风沙。"帷帽适合西域民族行走或者骑马时戴用"[⑥]。此帽既能御寒，又可遮挡风沙，不但是游牧民族生活的必需品，也是唐、宋时普遍流行的一款帽式。

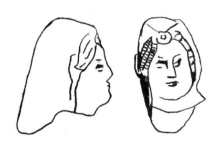

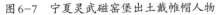

图6-7　宁夏灵武磁窑堡出土戴帷帽人物　　　图6-8　唐三彩俑戴帷帽妇女（笔者摹绘）

---

① 图见韩小忙、孙昌盛、陈悦新：《西夏美术史》，北京：文物出版社，2001年，第148页。

② 韩小忙、孙昌盛、陈悦新：《西夏美术史》，北京：文物出版社，2001年，第148页。

③ 周汛、高春明：《中国衣冠服饰大辞典》，上海：上海辞书出版社，1996年，第69-71页。

④ 臧迎春：《中国传统服饰》，北京：五洲传播出版社，2003年，第72页。

⑤ 臧迎春：《中国传统服饰》，北京：五洲传播出版社，2003年，第72页。

⑥ 李肖冰：《中国西域民族服饰研究》，乌鲁木齐：新疆人民出版社，1995年，第216页。

小　结

西夏平民既有党项族传统的皮、毛、毡材质的帽子，也有中原传统布艺材质的幞头、巾帕等。

西夏党项服饰受中原汉族影响尤为深刻。党项内徙定居的庆阳、夏州地区，是汉族长期居住并创造与传承文明的所在，这里的生产工具、生产技术、思想文化对党项产生了巨大影响。在与汉族的交往交流交融中，党项人不仅学会了农耕，而且定居下来，接受了汉族的衣食住行。因而，西夏平民的服饰已由"衣皮毛"逐渐转变为"衣麻棉"。效仿汉族服饰，扎头巾，穿麻布、棉布做的短衫、窄裤、棉袄、棉裤、麻鞋、棉袜。如《商人遇盗图》、榆林窟第3窟东壁南侧《五十一面千手千眼观音经变》中的《耕作图》《锻铁图》《酿作图》《舂米图》《百戏图》《舞狮图》等，这些图像形象地反映了西夏时期农、工、商、艺各行各业平民的服饰。图中的农夫、农妇、铁匠、小商贩等多是头扎白巾，上穿大襟或对襟短衫，下穿窄腿裤，有的打绑腿，足穿麻鞋或草鞋，其服饰基本上和中原汉族相同。[①]

从穿用者身份和穿用场合的角度而言，中国古代服饰有严格的等级制度。西夏平民与贵族的服饰差异很大，亦体现出了等级森严的礼制，也就是服饰仍然担当了区别阶级地位的标志。从质料、样式、纹饰、颜色各方面来讲，平民的服饰总体风格简单、粗朴，没有复杂的装饰和具体种类区分。相对而言，西夏丝织品并不多，染有丰富色彩的细羊毛织物也不多见，这些只有贵族才能穿戴，平民只能穿粗麻、粗毛织物。从色彩、纹样来看，西夏以绯、紫为高贵之色，青色、绿色为低贱之色，贵族、官吏的服饰多为朱红、鹅黄，平民为黑绿、赭色等。平民更注重服饰的实用功能，正如《诗·豳风·七月》所言："无衣无褐，何以卒岁？"[②]而贵族则相反，更看重的是服饰形制的等级区分及象征意义。

① 谢静：《敦煌石窟中的西夏服饰研究之二——中原汉族服饰对西夏服饰的影响》，《艺术设计研究》2009年第3期，第48页。

② 程俊英、蒋见元：《诗经注析·十五国风》，北京：中华书局，1991年，第407页。

第七章 基本特点和历史渊源

西夏是以党项族为主体建立的少数民族政权。境内除了党项族以外，还有汉族和吐蕃、回鹘、吐谷浑等其他民族。这些民族间的文化互相交流和影响，使得西夏服饰，尤其在冠戴方面也呈现出多民族的文化元素。

一、基本特点

西夏社会的发展其实是一个多民族长期交流学习，兼容并蓄的过程。西夏冠戴在多民族文化的碰撞下，集独特性和多元性为一体，大致呈如下特点：

第一，皇帝和贵族冠戴整体风格华丽、重装饰。但平民帽式则朴实无华。社会等级明显。

西夏冠戴整体呈现出装饰性较浓的特点。皇帝至高无上，贵族官僚华贵。如中原东坡巾形制简单，帽身只有内外两层，无任何纹样装饰。西夏沿袭中原东坡巾形制，并有所创新，帽身绣饰精美的纹样，尤其皇帝所戴东坡巾绣制莲花图案，帽檐有金线植物纹饰，做工精细，精美绝伦。另外，幞头也被西夏做了些许改制，如中原交脚幞头两脚细长，直接相交于头顶，西夏交脚幞头脚呈弧度宽叶片状。中原无脚幞头形制拘板，无纹饰，西夏此种幞头帽身有竖条纹和点状纹交错装饰。

具有西夏民族特色的武职冠戴，材质和形制亦是多种多样，主要有金、银、纸质冠。式样上又分为起云镂和不起云镂。学者专门著文考证认为，西夏武职官服的"冠"有：金冠、金缕贴冠、金帖起云镂冠、金帖镂冠、银帖间金镂冠、金帖纸冠、间起云银帖纸冠、间起云银纸帖冠、黑漆冠。冠的贵重程度可以分为四大类，首先为"金冠"，其次为"'金缕贴冠、金帖起云镂冠、金帖镂冠、银帖间金镂冠、'的贴金、镂金、金缕、金起云工艺的冠"，再次为"'金帖纸冠、间起云银帖纸冠、间起云银纸帖冠'的各种纸冠"，最后为

"黑漆冠"。①装饰意味浓厚，种类多样，异彩纷呈。

"回鹘髻"是唐代妇女争相模仿的一种发髻。将头发从根部扎住，梳成发髻，然后用红绸缠裹，形似圆球，高约五六寸。回鹘王妃、公主、贵族妇女、普通妇女是在梳好的圆球形发髻上依据身份地位的不同而佩戴不同形制的桃形金冠，上插各种金簪、花钗、步摇等饰品。西夏除了流行回鹘桃形冠外，还将"桃形"改制为四片花蕾瓣状，花瓣间的分割线用金珠相连，冠侧插各种饰品，形成了独具西夏特色的"四瓣莲蕾形金珠冠"。华丽新奇，别具一格。

服饰作为一种文化形态，贯穿了古代各个时期。在几千年的封建社会中，服饰有鲜明的阶级属性具有"别尊卑、明贵贱"的作用。因此，西夏平民的冠戴生动地反映了西夏社会的等级结构，作为社会最底层的平民阶级，大多生活困苦，甚至有些人家过着衣不蔽体、食不果腹的生活，难以追求衣冠的华丽，其冠戴自然是最为简单，朴素的。

第二，党项特色是主流。

尽管党项族由比较落后的游牧文化逐步转向定居的农耕文化，但在积极吸收各民族文化精髓的同时，作为党项羌的母体文化仍然是其基本精神内核。②这在西夏的艺术品，尤其在西夏服饰冠戴中有明显的体现，如男子的镂冠、女子的四瓣莲蕾形金珠冠等。

西夏武官的镂冠、黑漆冠，是西夏法典明文规定的朝服首服。西夏统治者将具有本民族特色标志的冠戴上升为国家意志，是为突显党项民族文化的本质及其地位的至高无上。更有甚者，不止武官戴镂冠，甚至皇帝在正式场合也佩戴镂冠。据史籍记载，元昊继位后，为了突显民族特色，下令秃发，改大汉衣冠，制定了西夏初期的服饰制度。西夏显道二年（1033年），元昊欲革银、夏旧俗，"先自秃其发，然后下令国中，使属蕃遵此，三日不从，许众共杀之。于是民争秃其发，耳垂重环以异之"。③同年又别服饰，建立西夏衣冠制度。宋宝元二年（1039年），元昊向宋仁宗上表迫使宋朝承认"改大汉衣冠""衣冠既就"、建"万乘之家"，④其所指的主要是武官服饰。上述这些都是民族特色的彰显。

西夏平民阶层的毡冠，可能是受草原游牧民族冠戴的影响，也可能是党项

① 任怀晟、杨浣：《西夏官服研究中的几个问题》，《西夏学》第九辑，上海：上海古籍出版社，2013年，第288页。
② 陈育宁、汤晓芳：《西夏艺术史》，上海：上海三联书店，2010年，第367页。
③〔清〕吴广成撰，龚世俊等校正：《西夏书事》卷十一，兰州：甘肃文化出版社，1995年，第132页。
④〔元〕脱脱等撰：《宋史·夏国传》上，北京：中华书局，1985年，第13995—13996页。

族的传统冠戴。早期的党项民族游牧于西北地区，寒冷环境和以产皮毛制品为主宗的特点决定了其服饰不可能脱离游牧民族"衣皮毛"的固有特性。隋唐之际，党项人"服裘褐、披毡，以为上饰"①内迁后，党项民族亦保留穿戴皮毛的传统习俗，元昊曾云："衣皮毛，事畜牧，蕃性所便。"②西夏文献《番汉合时掌中珠》、汉文本《杂字》、西夏文《三才杂字》有"帐毡、枕毡、毡帽、马毡、毡袜"等记载。

第三，帽式受到佛教尤其是藏传佛教的强烈影响。如皇帝冠帽饰骷髅头、莲花纹饰。僧侣法帽有藏传佛教的莲花帽、黑帽等。

西夏前期从宋朝大量赎经，受到中原佛教文化的影响；后期则因藏传佛教高僧进入西夏境内传教，有的成为国师、帝师，藏传佛教的影响大大加强。仁孝的上师有噶玛噶举派高僧。③宏佛塔、拜寺口双塔和青铜峡一百零八塔均有出土的藏传唐卡。西夏的文化艺术、衣冠服饰均受到中原佛教和藏传佛教的强烈影响。西夏僧侣阶层普遍流行的宁玛派莲花帽以及黑帽就是藏传佛教在西夏的典型体现。

第四，帽式受到周边民族文化的影响非常明显。如汉族、回鹘、吐蕃等等。

西夏冠戴是以党项人传统服饰为基点，以中原汉族服饰制度为核心的多民族服饰文化的组合。

西夏建立政权前，党项族曾经历过两次历史性大迁徙，迁徙的直接作用使党项族与汉人杂居，广泛地接触汉族的先进文化，为西夏社会各方面的发展奠定了坚实的基础。

隋唐时，党项族内迁后，不断吸取中原王朝高度发达的文化。西夏的礼仪制度、儒学教育、宗教信仰、音乐舞蹈、绘画艺术、农业科技、丝绸纺织、工艺制造等无不源于中原。西夏服饰在漫长的形成过程中，受中原王朝汉族服饰的影响极为深刻。隋唐初期，党项人还是"衣皮毛、服裘褐，披毡以为上饰"，到宋朝初期，党项人已经开始"衣锦绮"。西夏建立政权后，其礼仪服饰制度是参考唐宋礼仪服饰制度而制定的。因而，西夏历史时期，汉族人的衣冠服饰已成西夏服饰文化的主流，这在西夏冠戴上体现得尤为突出。

党项族内迁后，长期生活在北方草原文化与中原文化相交融的地带，而这

① [唐] 魏征等撰：《隋书》，北京：中华书局，1973年，第1845页。
② [元] 脱脱等撰：《宋史·夏国传》上，北京：中华书局，1985年，第13993页。
③ 陈育宁、汤晓芳：《西夏艺术史》，上海：上海三联书店，2010年，第366页。

一地带又居住着吐蕃、回鹘、契丹、女真等多个民族。西夏建立政权前，吐蕃、回鹘与党项人交错杂居，是周边友邻。西夏建立政权后，部分吐蕃、回鹘人成为西夏的国民，契丹、女真人是西夏的邦邻。因而，党项人又受到这些民族文化的影响，使西夏服饰具有了多民族的文化元素。因此，西夏不同阶层、不同身份人物的冠戴形制多样，风格迥异。

二、历史渊源

前述可见，西夏冠戴异彩纷呈，究其原因，是受到多个民族服饰文化影响的结果。

首先，党项族的自身帽式，这确立了西夏帽式的主体性。

从西南部迁徙到西北部的党项族，虽经地域的转换，时间的推移，但其表现民族风貌的特质，依然能透过艺术形式凸现出来。如西夏文献规定的武官"金帖起云镂冠、银帖间金镂冠、黑漆冠"等各种不同质地、不同式样和不同装饰纹样的首服，是西夏武官服饰中民族特色的标志。

其二，唐、五代以来的中原帽式，这对西夏帽式的影响非常强烈。

党项族两次大迁徙，占据了中原地区的一部分，与中原王朝频繁地接触，汉族服饰逐渐被党项人所接受。中原丝织品通过岁赐、赏赐大量流入党项境内。西夏太宗德明曾深有感触地说："吾族三十年衣锦绮，此宋恩也。"[1]上至朝廷的岁赐，下至民间的各种走私贸易，加之西夏境内汉族居民的影响，西夏衣冠服饰自上而下的受到中原文化的冲击。

西夏对中原汉族冠戴方面的吸收借鉴的典型表现就是幞头和东坡巾。幞头、东坡巾在西夏社会的流行程度并不亚于中原。文官朝服、便服，劳动者、杂技者、读书人皆戴幞头。隋唐时期，男子官服，一般是头戴乌纱幞头；身穿圆领窄袖袍衫，腰系红鞓带；足蹬乌皮六合靴。皇帝到官吏的形制基本相同，只是材料、颜色和皮带头的装饰略有差别而已。[2]西夏法律规定文官朝服"……幞头、鞾（靴）笏、紫衣、绯衣"，基本沿袭了中原文官的冠戴服饰。西夏文官便服首服"东坡巾"，从佩戴场合来说，上至朝廷，下至民间；从佩戴阶层来讲，上至皇帝、王公贵臣，下至平民百姓，可谓全方位效仿。《西夏译经图》画面中皇帝、皇太后的服饰应是法服。梁太后所戴凤冠、花钗及其着装与中原王朝皇太后、太后的首服相同，都是对中原服饰文化的传承。

---

① [元] 脱脱等撰：《宋史·夏国传》上，北京：中华书局，1985年，第13993页。
② 沈从文：《中国服饰史》，西安：陕西师范大学出版社，2004年，第76—77页。

其三，周边少数民族如吐蕃、回鹘等帽式，这是西夏地缘特性的生动体现。

西夏党项族在内迁之前，就同吐蕃、鲜卑居住在青藏高原。内迁之后，又与陇右、河西地区居住的吐蕃、回鹘为邻。西夏据有河西地区后，吐蕃、回鹘又成为西夏属民。西夏建立政权后，曾先后与辽、宋、金在政治、经济、文化等方面有不同程度的联系。处于这样一个多民族政权并立和民族交错杂居、融合的大背景中，西夏的服饰也难免受到回鹘、吐蕃、鲜卑、契丹、女真族等各民族的影响。

其中，回鹘冠戴对西夏影响最为明显，突出体现在回鹘妇女的桃形髻。党项贵族妇女的莲蕾金冠、桃形金冠，普通妇女和侍女梳桃形发髻，都受到回鹘贵族妇女、侍女冠饰的影响。①

回鹘文化源远流长，绚烂多彩。唐代时，回鹘族与中原汉族的经济文化交流十分频繁，尤其回鹘妇女服装冠饰对唐代宫廷及平民妇女都产生了较大的影响。回鹘装的特点是翻折领连衣窄袖长裙，衣身宽大，下长曳地，腰际束带。翻领及袖口均加纹绣，纹样多凤衔折枝花纹。尤其当时普遍流行的"回鹘髻"，成为唐宋妇女争相仿效的发髻。西夏文化承袭唐宋，且西夏境内就有回鹘民族，因此回鹘髻自然对西夏妇女的冠式有深刻影响。西夏贵族妇女头梳锥形的回鹘髻，戴珠玉镶嵌的桃形金凤冠，簪钗双插。平民女子多梳回鹘高髻，或无任何装饰，或仅簪一朵小花。俄藏黑水城出土《阿弥陀佛来迎》《佛顶尊胜曼荼罗》《比丘像》和《高王观音经》中的女供养人都是梳桃形发髻，上罩莲蕾形冠，饰珠宝，就是在回鹘髻及回鹘桃形冠基础上发展而来的。

第四，佛教元素帽式，这是西夏社会崇尚佛教的产物。

藏传佛教在西夏盛行的结果是，不但繁荣了西夏的佛教事业，也传播了僧侣阶层的衣冠服饰文化。最为典型的是藏传佛教的莲花帽和黑帽。另外还有回鹘僧装，中原、中亚印度风格的巾子、斗笠僧帽都对西夏冠戴产生了深远影响。

综上，虽然本文探讨的是冠戴问题，但冠戴属于服饰文化的范畴，服饰文化乃是社会民俗文化的一部分。西夏文化是中华文化圈内的一种民族文化，因此，西夏帽式文化反映了一种民族文化的传承、吸收和创新。西夏多民族的特点使西夏服饰也显现出多样性和复杂性，因而西夏的冠戴，既有民族之分，又有阶层之别。在一个王朝内，无论是法律还是民俗，都反映出服饰明尊卑、别贵贱的特殊内涵。总之，西夏服饰中令人耳目一新的诸多创新，也是西夏境内多民族文化融合的产物。

---

① 谢静：《西夏服饰研究之三——北方各少数民族对西夏服饰的影响》，《艺术设计研究》2010年第1期，第61页。

附录　西夏帽式一览表

西夏皇帝帽式

表1 楼冠

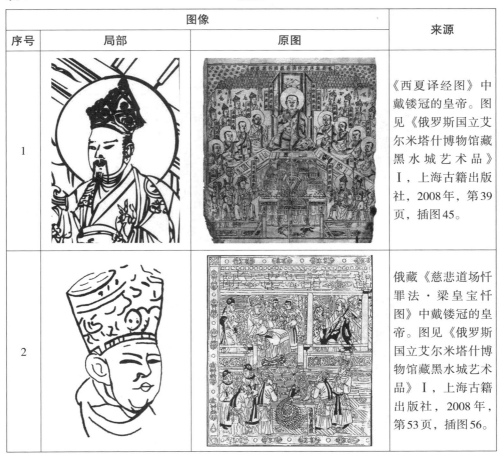

图像			来源
序号	局部	原图	
1			《西夏译经图》中戴楼冠的皇帝。图见《俄罗斯国立艾尔米塔什博物馆藏黑水城艺术品》Ⅰ，上海古籍出版社，2008年，第39页，插图45。
2			俄藏《慈悲道场忏罪法·梁皇宝忏图》中戴楼冠的皇帝。图见《俄罗斯国立艾尔米塔什博物馆藏黑水城艺术品》Ⅰ，上海古籍出版社，2008年，第53页，插图56。

表2   锥形尖顶高冠

图像			来源
序号	局部	原图	
1			敦煌莫高窟第409窟《西夏皇帝供养像》戴尖顶高冠的皇帝。图见敦煌文物研究所编：《中国石窟——敦煌莫高窟》五，文物出版社，1990年，图版135。

表3   东坡巾

图像			来源
序号	局部	原图	
1			《皇帝和皇子》中着东坡巾皇帝。图见《俄罗斯国立艾尔米塔什博物馆藏黑水城艺术品》Ⅱ，上海古籍出版社，2012年，图版232，编号X.2531。
2			《西夏皇帝及其随员像》中着东坡巾皇帝。图见《俄罗斯国立艾尔米塔什博物馆藏黑水城艺术品》Ⅰ，上海古籍出版社，2008年，第17页。

表4 　　　　　　　　　　通天冠

图像			来源
序号	局部	原图	
1			俄藏汉文《注清凉心要》戴通天冠帝王。图见《俄罗斯科学院东方研究所圣彼得堡分所藏黑水城文献》④，上海古籍出版社，1997年，彩图版TK186。
2	 金博山中饰以"王"字		中国国家图书馆藏西夏文《慈悲道场忏罪法·梁皇宝忏图》戴通天冠帝王。图见《中国藏西夏文献》五，甘肃人民出版社、敦煌文艺出版社，2005年，第5页。
3			中国国家图书馆藏西夏文《现在贤劫千佛名经·帝后礼佛图》戴通天冠帝王。图见《中国藏西夏文献》五，甘肃人民出版社、敦煌文艺出版社，2005年，第203页。

续表

图像			来源
序号	局部	原图	
4			俄TK17《金刚般若波罗蜜经》（21-1）戴通天冠者。图见《俄罗斯科学院东方研究所圣彼得堡分所藏黑水城文献》①，上海古籍出版社，1996年。第337页。
5			俄TK164佛经版画（24-1）戴通天冠者。图见《俄罗斯科学院东方研究所圣彼得堡分所藏黑水城文献》④,上海古籍出版社，1997年，第29页。
6			瓜州东千佛洞第2窟《释迦涅槃图·末罗族长者》供养像。图见张宝玺：《瓜州东千佛洞西夏石窟艺术》，学苑出版社，2012年，第159页。

续表

图像			来源
序号	局部	原图	
7			瓜州东千佛洞第2窟列在天人队伍中戴通天冠者。图见张宝玺:《瓜州东千佛洞西夏石窟艺术》,学苑出版社,2012年,第151页。
8			瓜州东千佛洞第2窟《落迦山观音·天人》中的帝释天形象。图见张宝玺:《瓜州东千佛洞西夏石窟艺术》,学苑出版社,2012年,第149页。
9			榆林窟第3窟西壁北侧文殊变中帝释天形象。图见敦煌研究院编:《中国石窟——安西榆林窟》,文物出版社,2012年,图版168。

续表

图像			来源
序号	**局部**	**原图**	
10			安西榆林窟第29窟戴通天冠帝释天。图见敦煌研究院编:《中国石窟——安西榆林窟》,文物出版社,2012年,图版125。
11			彩绘《炽盛光佛》中戴通天冠帝王。图见史金波、李进增:《西夏文物·宁夏编》,中华书局、天津古籍出版社,2016年,第4945页。
12			山嘴沟K2佩戴通天冠者。图见宁夏文物考古研究所:《山嘴沟西夏石窟》,文物出版社,2007年,第38页,图41。

续表

序号	图像		来源
	局部	原图	
13			《阿弥陀佛净土世界》天人中戴通天冠者。图见《俄罗斯国立艾尔米塔什博物馆藏黑水城艺术品》Ⅰ，上海古籍出版社，2008年，图版3。
14			《众星曜簇拥的炽盛光佛》中戴通天冠者。图见《俄罗斯国立艾尔米塔什博物馆藏黑水城艺术品》Ⅰ，上海古籍出版社，2008年，图版39。
15			《众星曜簇拥的炽盛光佛》中戴通天冠者。图见《俄罗斯国立艾尔米塔什博物馆藏黑水城艺术品》Ⅰ，上海古籍出版社，2008年，图版41。

续表

图像			来源
序号	局部	原图	
16			《木曜》中戴通天冠者。图见《俄罗斯国立艾尔米塔什博物馆藏黑水城艺术品》I，上海古籍出版社，2008年，图版49。
17			戴通天冠彩绘人物像板瓦。图见史金波、李进增：《西夏文物·宁夏编》，中华书局、天津古籍出版社，2016年，第4978页。
18			中国国家图书馆藏西夏文《金光明最胜王经》中戴通天冠帝王。图见《中国藏西夏文献》四，甘肃人民出版社、敦煌文艺出版社，2005年，第4页。

西夏文官帽式

表5			软脚幞头

	图像		来源
序号	局部	原图	
1			俄TK119《佛说报父母恩重经》（9–1）中的软脚幞头。图见俄罗斯科学院东方研究所圣彼得堡分所、中国社会科学院民族研究所、上海古籍出版社编：《俄罗斯科学院东方研究所圣彼得堡分所藏黑水城文献》③，上海古籍出版社，1996年，第43页。
2			
3			
4			
5			
6			俄藏《水月观音》中戴幞头文官。图见"台北国立历史博物馆"编译小组编：《丝路上消失的王国——西夏黑水城的佛教艺术》，台北历史博物馆，1996年，第202页，编号X.2438。

续表

图像			来源
序号	局部	原图	
7			俄藏西夏文《注清凉心要·清凉答顺宗图》。图见陈育宁、汤晓芳：《西夏艺术史》，上海三联书店，2010年，第161页。
8			瓜州东千佛洞第5窟西夏戴幞头文官。图见张先堂：《瓜州东千佛洞第5窟西夏供养人初探》，《敦煌学辑刊》2011年第4期，第54页。
9			中国藏西夏文刻本《慈悲道场忏罪法》卷八（53-2）中的幞头。图见《中国藏西夏文献》五，甘肃人民出版社、敦煌文艺出版社，2005年，第35页。

续表

图像			来源
序号	局部	原图	
10		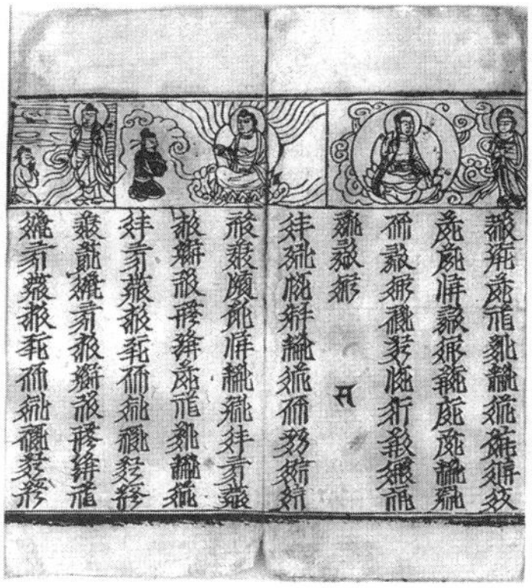	西夏文刻本《妙法莲华经·观世音菩萨普门品》（27-11）。图见《中国藏西夏文献》十六，甘肃人民出版社、敦煌文艺出版社，2005年，第58页。
11			《听琴图》中戴软脚幞头文人。图见俄罗斯国立艾尔米塔什博物馆、西北民族大学、上海古籍出版社编：《俄罗斯国立艾尔米塔什博物馆藏黑水城艺术品》Ⅱ，上海古籍出版社，2012年，图版228，编号X.2527。
12			

表 6 展脚幞头

图像			来源
序号	局部	原图	
1			《落迦山观音·天人》中的文官形象。图见张宝玺:《瓜州东千佛洞西夏石窟艺术》,学苑出版社,2012年,第149页。
2			中国国家图书馆藏西夏文刻本《慈悲道场忏罪法·梁皇宝忏图》中的文官幞头。图见《中国藏西夏文献》五,甘肃人民出版社、敦煌文艺出版社,2005年,第5页。
3			
4			
5			《夫妻对饮图摹本》中戴幞头文官。图见史金波、塔拉、李丽雅:《西夏文物·内蒙古编》,中华书局、天津古籍出版社,2014年,第1325页。

续表

图像			来源
序号	局部	原图	
6			
7			俄TK119《佛说报父母恩重经》(9-1)中的展脚幞头。图见俄罗斯科学院东方研究所圣彼得堡分所、中国社会科学院民族研究所、上海古籍出版社编：《俄罗斯科学院东方研究所圣彼得堡分所藏黑水城文献》③，上海古籍出版社，1996年，第43页。
8			
9			
10			
11			肃北五个庙第3窟戴展脚幞头文官。原图采自谢静：《敦煌石窟中西夏供养人服饰研究》，《敦煌研究》2007年第3期。
12			

表7 直脚幞头

图像			来源
序号	局部	原图	
1			俄TK186汉文《注清凉心要》（7–1）中直角幞头文官。图见《俄罗斯科学院东方研究所圣彼得堡分所藏黑水城文献》④，上海古籍出版社，1997年，第167页。
2			刻有西夏文及直脚幞头的长柄铜镜。图见史金波、李进增：《西夏文物·宁夏编》六，中华书局、天津古籍出版社，2016年，第2535页。
3			宏佛塔天宫藏彩绘绢质《玄武大帝图》中戴直脚幞头文官。图见雷润泽、于存海、何继英：《西夏佛塔》，文物出版社，1995年，第191页，图版四四。
4			西夏文刻本《高王观世音经》卷首经图，故宫博物院藏。图见《中国藏西夏文献》十二，甘肃人民出版社、敦煌文艺出版社，2005年，扉页插图。

续表

图像			来源
序号	局部	原图	
5		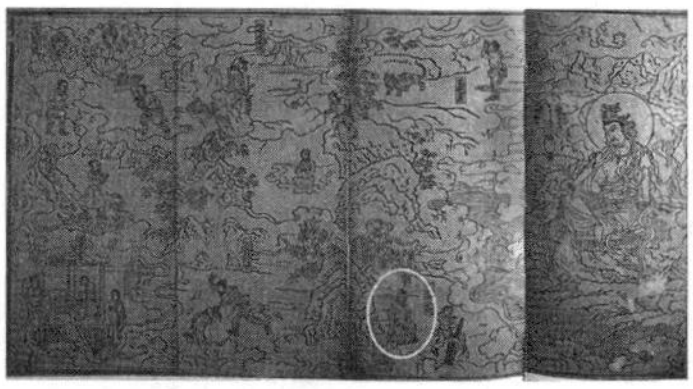	俄 TK90《妙法莲华经·观世音菩萨普门品》第二十五版画戴直脚幞头文人。图见《俄罗斯科学院东方研究所圣彼得堡分所藏黑水城文献》②，上海古籍出版社，1996年，第326页。
6		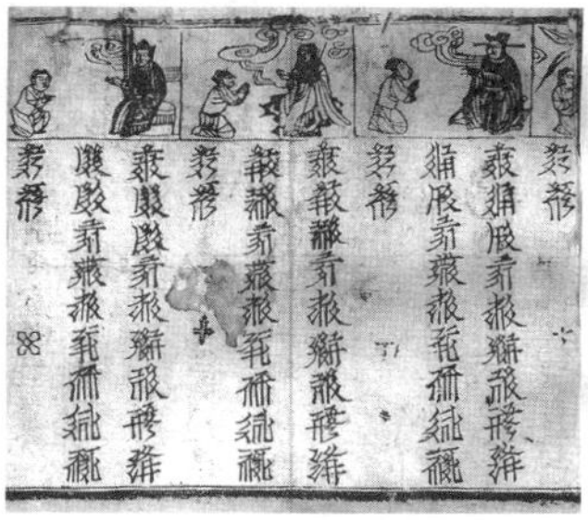	西夏文刻本《妙法莲华经·观世音菩萨普门品》(27−15)。图见《中国藏西夏文献》十六，甘肃人民出版社、敦煌文艺出版社，2005年，第61页。
7		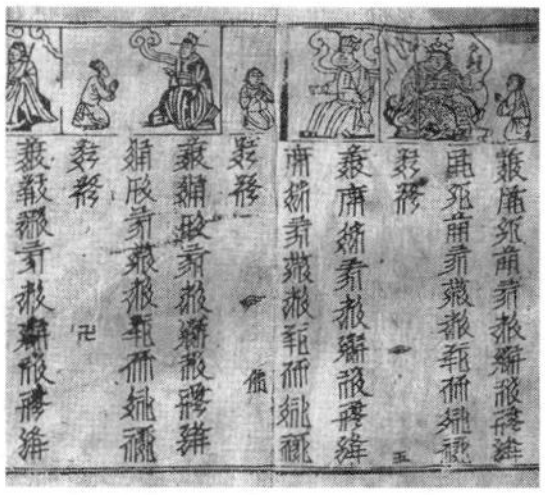	西夏文刻本《妙法莲华经·观世音菩萨普门品》(17−4)。图见《中国藏西夏文献》十六，甘肃人民出版社、敦煌文艺出版社，2005年，第77页。
8			《胜乐金刚》左右两下角戴直脚幞头文人。图见《俄罗斯国立艾尔米塔什博物馆藏黑水城艺术品》Ⅱ，上海古籍出版，2012年，图版138，编号X.2368。
9			

表8 交脚幞头

图像			来源
序号	局部	原图	
1			
2		 原图	《西夏译经图》中的交脚幞头形制。原图见《俄罗斯国立艾尔米塔什博物馆藏黑水城艺术品》I，上海古籍出版社，2008年，第39页。
3			
4		 临摹图（曾发茂、曾凯绘）	
5			
6			

续表

图像			来源
序号	局部	原图	
7			宏佛塔天宫藏彩绘绢质《玄武大帝图》中的交脚幞头形制。图见雷润泽、于存海、何继英主编：《西夏佛塔》，文物出版社，1995年，第191页，图版44。
8			

表9 长脚罗（纱罗）幞头

图像			来源
序号	局部	原图	
1			俄藏《玄武图》中戴长脚罗幞头的文官。图见《丝路上消失的王国——西夏黑水城的佛教艺术》，台北历史博物馆，1996年，第245页，编号X.2465。

表 10 无脚幞头

图像			来源
序号	局部	原图	
1			
2			中国国家图书馆藏西夏文刻本《慈悲道场忏罪法·梁皇宝忏图》中戴无脚幞头的官员。图见《中国藏西夏文献》五，甘肃人民出版社，2005年，第5页。
3			
4			

表 11

东坡巾

序号	图像		来源
	局部	原图	
1			《普贤菩萨》图中的老者帽式。图见《俄罗斯国立艾尔米塔什博物馆藏黑水城艺术品》Ⅰ，上海古籍出版社，2008年，图版28，编号X.2444。
2			《普贤菩萨和供养人》中的老者帽式。图见《俄罗斯国立艾尔米塔什博物馆藏黑水城艺术品》Ⅰ，上海古籍出版社，2008年，图版30，编号X.2435。
3			《骑狮子的文殊菩萨》图中戴东坡巾的老者。图见《俄罗斯国立艾尔米塔什博物馆藏黑水城艺术品》Ⅰ，上海古籍出版社，2008年，图版32，编号X.2447。
4			《贵人像》中戴东坡巾老者。图见《俄罗斯国立艾尔米塔什博物馆藏黑水城艺术品》Ⅱ，上海古籍出版社，2012年，图版225。

续表

序号	图像		来源
	局部	原图	
5			甘肃武威西夏墓出土着东坡巾《蒿里老人》像。图版采自陈育宁、汤晓芳《西夏艺术史》，上海三联书店，2010年，第281页。
6			《水月观音菩萨》中戴东坡巾老者。图见《俄罗斯国立艾尔米塔什博物馆藏黑水城艺术品》Ⅰ，上海古籍出版社，2008年，图版22，编号Ⅹ.2439。
7			泥塑戴东坡帽男供养人。内蒙古额济纳旗达来呼布镇东40公里处古庙遗址出土。图见史金波、塔拉、李丽雅：《西夏文物·内蒙古编》四，中华书局、天津古籍出版社，2014年，第1261页。

表12　　　　　　　　　　　　　　高冠

图像			来源
序号	局部	原图	
1			文官高冠木俑头。西夏博物馆藏。图见史金波、李进增：《西夏文物·宁夏编》十一，中华书局、天津古籍出版社，2016年，第4883页。
2			西夏陵区6号墓出土的石雕文臣头像。图见史金波、李进增：《西夏文物·宁夏编》十一，中华书局、天津古籍出版社，2016年，第4853页。
3			石雕文官像。图见史金波、塔拉、李丽雅：《西夏文物·内蒙古编》四，中华书局、天津古籍出版社，2014年，第1232页。
4			白釉褐彩文官俑头像。图见史金波、俄军：《西夏文物·甘肃编》六，中华书局、天津古籍出版社，2014年，第1483页。

表13   笼冠

图像			来源
序号	局部	原图	
1			宏佛塔天宫藏彩绘绢质《玄武大帝图》中的笼冠形制。图见雷润泽、于存海、何继英主编：《西夏佛塔》，文物出版社，1995年，第191页，图版44。
2			
3			

表14   方冠

图像			来源
序号	局部	原图	
1			泥塑方冠男供养人。内蒙古自治区额济纳旗达来呼布镇东40公里处古庙遗址出土。图见史金波、塔拉、李丽雅:《西夏文物·内蒙古编》四,中华书局、天津古籍出版社, 2014年,第1256页。

西夏武职帽式

表 15　　　　　　　　　　　镂冠

图像			来源
序号	局部	原图	
1		 原图 	《西夏译经图》中武职镂冠形制。图见《俄罗斯国立艾尔米塔什博物馆藏黑水城艺术品》Ⅰ，上海古籍出版社，2008年，第39页。
2			
3		临摹图（曾发茂、曾凯绘）	
4			
5			

续表

| 图像 | | | 来源 |
序号	局部	原图	
6			
7			俄藏《慈悲道场忏罪法·梁皇宝忏图》中戴镂冠的武职。图见《俄罗斯国立艾尔米塔什博物馆藏黑水城艺术品》Ⅰ，上海古籍出版社，2008年，第53页，插图56。
8			
9			
10			俄藏《高王观世音经》(6-1)中的镂冠形制。图见《俄罗斯科学院东方研究所圣彼得堡分所藏黑水城文献》③，上海古籍出版社，1996年，第36页。

续表

图像			来源
序号	局部	原图	
11			俄藏《比丘像》画面左下角的镂冠形制。图见《俄罗斯国立艾尔米塔什博物馆藏黑水城艺术品》Ⅱ，上海古籍出版社，2012年，图版173。
12			榆林窟第29窟东壁南侧供养人帽式。图见敦煌研究院编：《中国石窟——安西榆林窟》，文物出版社，2012年，图版115、116。
13			
14		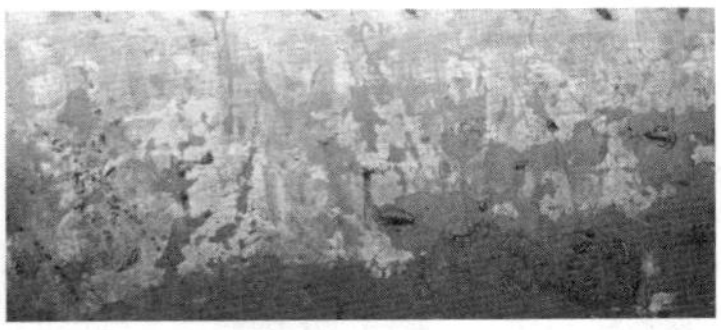	东千佛洞第5窟东壁北侧男供养人帽式。图见张先堂：《瓜州东千佛洞第5窟西夏供养人初探》，《敦煌学辑刊》2011年第4期，第52页。

表16   黑漆冠

序号	图像		来源
	局部	原图	
1			榆林窟第29窟东壁南侧供养人帽式。图见敦煌研究院编：《中国石窟——安西榆林窟》，文物出版社，2012年，图版116。
2		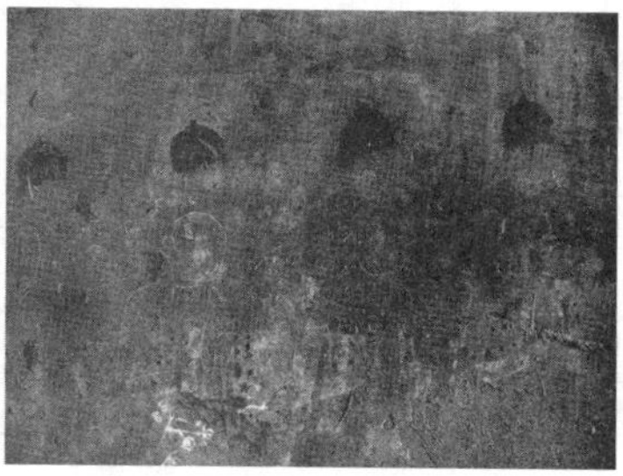	瓜州东千佛洞第2窟甬道南壁供养人帽式。①图见张宝玺：《瓜州东千佛洞西夏石窟艺术》，学苑出版社，2012年，第70、179页。
3			榆林窟第2窟西夏武官形象。图版采自王静如：《敦煌莫高窟和安西榆林窟中的西夏壁画》，《文物》1980年第9期，第51页。

---

① 张宝玺先生指出，瓜州东千佛洞第2窟甬道南壁这6身男供养人"均头戴尖圆形金镂冠，形状与榆林窟第2窟西夏武官冠戴相同"（张宝玺：《瓜州东千佛洞西夏石窟艺术》，北京：学苑出版社，2012年，第70页）。结合该窟壁画原图与张先生所附线描图，以及榆林窟第2窟西夏武官帽式来看，笔者认为这6身供养人帽式不具备镂冠的形制特征，应是黑漆冠。

表17　　　　　　　　　　鸟羽形帽盔

序号	图像		来源
	局部	原图	
1			戴帽盔武士木板画。武威市考古研究所藏。图见汤晓芳等主编、西夏博物馆编：《西夏艺术》，宁夏人民出版社，2003年，第44页。
2			戴帽盔武士木板画。武威市考古研究所藏。图见汤晓芳等主编、西夏博物馆编：《西夏艺术》，宁夏人民出版社，2003年，第45页。
3			戴帽盔武士木板画。武威市考古研究所藏。图见汤晓芳等主编、西夏博物馆编：《西夏艺术》，宁夏人民出版社，2003年，第45页。
4			戴帽盔武士木板画。武威市考古研究所藏。图见汤晓芳等主编、西夏博物馆编：《西夏艺术》，宁夏人民出版社，2003年，第45页。
5			戴盔帽白釉武士造像。图见史金波、塔拉、李丽雅：《西夏文物·内蒙古编》四，中华书局、天津古籍出版社，2014年，第1243页。

表 18 尖角帽盔

图像			来源
序号	局部	原图	
1			戴帽盔武官木俑。西夏博物馆藏。图见汤晓芳等主编、西夏博物馆编:《西夏艺术》,宁夏人民出版社,2003 年,第 90 页。
2			戴帽盔武官木俑。西夏博物馆藏。图见汤晓芳等主编、西夏博物馆编:《西夏艺术》,宁夏人民出版社,2003 年,第 90 页。
3			戴帽盔武官木俑。西夏博物馆藏。图见汤晓芳等主编、西夏博物馆编:《西夏艺术》,宁夏人民出版社,2003 年,第 90 页。
4			戴帽盔武官木俑。西夏博物馆藏。图见汤晓芳等主编、西夏博物馆编:《西夏艺术》,宁夏人民出版社,2003 年,第 91 页。

续表

图像			来源
序号	局部	原图	
5			戴帽盔武官木俑。西夏博物馆藏。图见汤晓芳等主编、西夏博物馆编:《西夏艺术》,宁夏人民出版社,2003年,第91页。
6			戴帽盔武官木俑。西夏博物馆藏。图见汤晓芳等主编、西夏博物馆编:《西夏艺术》,宁夏人民出版社,2003年,第91页。
7			戴头盔武官石雕像。图见史金波、塔拉、李丽雅:《西夏文物·内蒙古编》四,中华书局、天津古籍出版社,2014年,第1224页。
8			戴头盔武官石雕像。图见史金波、塔拉、李丽雅:《西夏文物·内蒙古编》四,中华书局、天津古籍出版社,2014年,第1228页。

表 19　　　　　　　　　　　　裹巾子

图像			来源
序号	局部	原图	
1			俄藏《玄武》中的武士形象。图见《俄罗斯国立艾尔米塔什博物馆藏黑水城艺术品》Ⅱ，上海古籍出版社，2012年，图版182。

表 20　　　　　　　　　　　　武弁

图像			来源
序号	局部	原图	
1			宁夏山嘴沟西夏石窟K1壁画讲经图中的武弁形制。图见宁夏文物考古研究所：《山嘴沟西夏石窟》上，文物出版社，2007年，第10页。

西夏僧侣帽式

表21 — 莲花帽

图像			来源
序号	局部	原图	
1			榆林窟第29窟南壁东侧真义国师鲜卑智海。图见敦煌研究院编：《中国石窟——安西榆林窟》，文物出版社，2012年，图版117。
2			黑水城出土《不动明王》底部两角僧人帽式。图见《丝路上消失的王国——西夏黑水城的佛教艺术》，台北历史博物馆，1996年，第173页，编号X.2374。
3			
4			黑水城出土《作明佛母》唐卡中的僧人。图见《丝路上消失的王国——西夏黑水城的佛教艺术》，台北历史博物馆，1996年，第155页。

续表

序号	图像		来源
	局部	原图	
5			《鲜卑国师说法图》中国师的帽式。图见史金波：《西夏社会》，上海人民出版社，2007年，第11页，彩图39。
6			敦煌莫高窟第465窟东壁门上的上师。图见谢继胜：《西夏藏传绘画—黑水城出土西夏唐卡研究》，河北教育出版社，2002年，第401页。
7			敦煌莫高窟北区第464窟后室南壁中的帽式。图版采自谢继胜先生讲座：《上师的帽子—西夏元时期敦煌石窟年代问题的再探讨》。
8			甘肃肃南文殊山石窟万佛洞的西夏上师像。图见谢继胜：《西夏藏传绘画——黑水城出土西夏唐卡研究》，河北教育出版社，2002年，第411页。

续表

序号	图像		来源
	局部	原图	
9	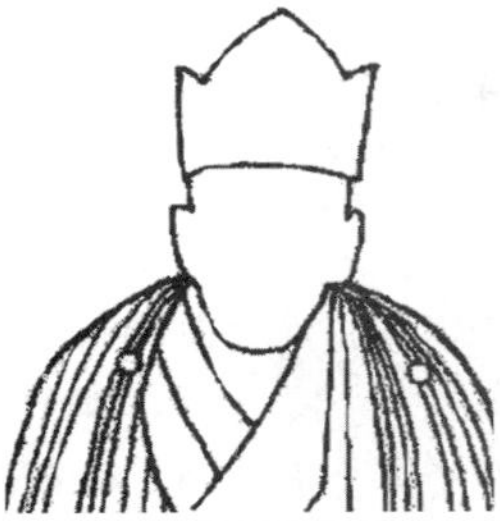		瓜州东千佛洞西夏石窟第4窟西夏上师像。①图见张宝玺:《瓜州东千佛洞西夏石窟艺术》,学苑出版社,2012年,第70、184页。
10			瓜州东千佛洞西夏石窟第5窟西夏上师像。图见张宝玺:《瓜州东千佛洞西夏石窟艺术》,学苑出版社,2012年,第226页。
11			宁夏拜寺口西塔出土彩绘绢质上师像中的帽式。图见雷润泽、于存海、何继英主编:《西夏佛塔》,文物出版社,1995年,第250页,图版170。
12			
13			宁夏拜寺口西塔出土彩绘绢质《上乐金刚图》中的高僧帽式。图见雷润泽、于存海、何继英主编:《西夏佛塔》,文物出版社,1995年,第251页。

① 张宝玺先生指出,瓜州东千佛洞第4窟"位于龛内的上师,头戴通天冠"。(张宝玺:《瓜州东千佛洞西夏石窟艺术》,北京:学苑出版社,2012年,第70页。)结合该窟壁画原图与张先生所附线描图,笔者认为此窟上师帽式不具备通天冠的形制特征,应是莲花帽。

续表

图像			来源
序号	局部	原图	
14		 	宁夏山嘴沟西夏上师像。图见宁夏文物考古研究所编:《山嘴沟西夏石窟》,文物出版社,2007年,第38页,图41、图版20。
15			瓜州东千佛洞西夏石窟第2窟西夏上师像。图见张宝玺:《瓜州东千佛洞西夏石窟艺术》,学苑出版社,2012年,第135页。
16			黑水城出土《胜乐金刚曼荼罗》画面左下角的高僧。图见《丝路上消失的王国——西夏黑水城的佛教艺术》,台北历史博物馆,1996年,第163页,编号X.2409。

续表

图像			来源
序号	局部	原图	
17			西夏高僧像。原件系雕塑品。出土于内蒙古额济纳旗达兰呼布镇东 40 公里处古庙中。图见汤晓芳等主编、西夏博物馆编：《西夏艺术》，宁夏人民出版社，2003 年，第 63 页。
18			黑水城出土《三十五佛陀忏悔录》中戴莲花帽的僧人。图见《俄罗斯国立艾尔米塔什博物馆藏黑水城艺术品》Ⅱ，上海古籍出版，2012 年，图版 88，编号 X.2338。
19	 		黑水城出土《胜乐金刚》中戴莲花帽的僧人。图见《俄罗斯国立艾尔米塔什博物馆藏黑水城艺术品》Ⅱ，上海古籍出版，2012 年，图版 138，编号 X.2368。
20	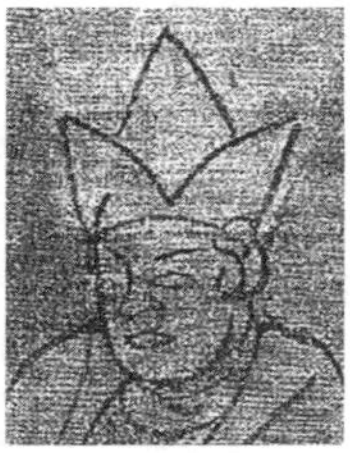 		

续表

图像			来源
序号	局部	原图	
21	 		甘肃武威亥母洞遗址出土《文殊菩萨像》唐卡中戴莲花帽的西夏上师。图见史金波、俄军：《西夏文物·甘肃编》六，中华书局、天津古籍出版社，2014年，第1600、1601页。
22			甘肃张掖马蹄寺噶当塔塔刹两侧上师像。图版采自谢继胜先生讲座：《上师的帽子——西夏元时期敦煌石窟年代问题的再探讨》。
23			榆林窟第4窟新发现的上师像。图版采自谢继胜先生讲座：《上师的帽子——西夏元时期敦煌石窟年代问题的再探讨》。
24		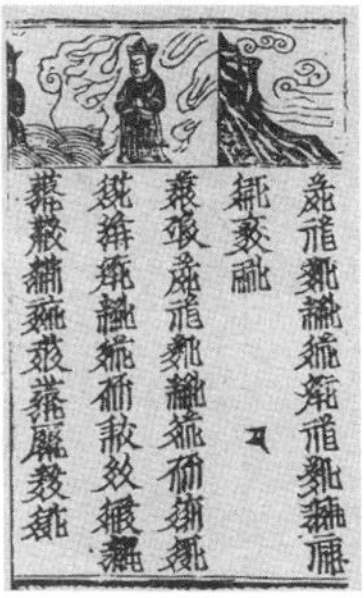	黑水城出土西夏文刻本《妙法莲华经·观世音菩萨普门品》中的僧人。图见《中国藏西夏文献》十六，甘肃人民出版社、敦煌文艺出版社，2005年，第49页。

表22　黑帽

图像			来源
序号	局部	原图	
1			黑水城出土《药师佛》画面左下角戴金边黑帽的高僧。图见《俄罗斯国立艾尔米塔什博物馆藏黑水城艺术品》Ⅰ，上海古籍出版社，2008年，图版82，编号X.2332。

表23　白冠红缨式帽

图像			来源
序号	局部	原图	
1			黑水城出土《阿弥陀佛净土世界》中白冠红缨式僧帽。图见《俄罗斯国立艾尔米塔什博物馆藏黑水城艺术品》Ⅰ，上海古籍出版社，2008年，图版2，编号X.2419。
2			

表24   裹巾式

图像			来源
序号	局部		
1			中国国家图书馆藏西夏文刻本《慈悲道场忏罪法·梁皇宝忏图》中的裹巾高僧。图见《中国藏西夏文献》五，甘肃人民出版社、敦煌文艺出版社，2005年，第81页。
2			黑水城出土《慈悲道场忏罪法·梁皇宝忏图》中的裹巾高僧。图见《俄罗斯国立艾尔米塔什博物馆藏黑水城艺术品》Ⅰ，上海古籍出版社，2008年，第53页，插图56。
3			黑水城出土《药师佛》画面右下角裹黄巾的高僧。图见《俄罗斯国立艾尔米塔什博物馆藏黑水城艺术品》Ⅰ，上海古籍出版社，2008年，图版82，编号X.2332。
4			黑水城出土《三十五佛陀忏悔录》画面右下角裹黄巾的僧人。图见《俄罗斯国立艾尔米塔什博物馆藏黑水城艺术品》Ⅱ，上海古籍出版，2012年，图版88。

续表

图像			来源
序号	局部	原图	
5			黑水城出土唐卡《观世音菩萨》画面左右下角的裹巾高僧。图见《丝路上消失的王国——西夏黑水城的佛教艺术》，台北历史博物馆，1996年，第133页，编号X.2354。
6			

表25　　　　　　　　　　**斗笠式帽子**

图像			来源
序号	局部	原图	
1			西夏行脚僧。图见《俄罗斯国立艾尔米塔什博物馆藏敦煌艺术品》V，上海古籍出版社，2002年，第271页。
2			西夏行脚僧。图见《俄罗斯国立艾尔米塔什博物馆藏敦煌艺术品》V，上海古籍出版社，2002年，第305页。

西夏贵族妇女帽式

表26　　　　　　　　　　　凤冠

序号	图像		来源
	局部	原图	
1		 原图  临摹图（曾发茂、曾凯绘）	《西夏译经图》中戴凤冠的梁太后。图见《俄罗斯国立艾尔米塔什博物馆藏黑水城艺术品》Ⅰ，上海古籍出版社，2008年，第39页。
2			戴桃形凤冠的西夏王妃供养像。图见敦煌文物研究所编：《中国石窟——敦煌莫高窟》五，文物出版社，1990年，第134页。

表27　　　　　　　　　　莲蕾形金珠冠

图像			来源
序号	局部	原图	
1			黑水城出土《阿弥陀佛来迎》女供养人四瓣莲蕾形金珠冠。图见《俄罗斯国立艾尔米塔什博物馆藏黑水城艺术品》Ⅰ，上海古籍出版社，2008年，图版12，编号X.2416。
2			黑水城出土《佛顶尊胜曼荼罗》女供养人四瓣莲蕾形金珠冠。图见《丝路上消失的王国——西夏黑水城的佛教艺术》，台北历史博物馆，1996年，第145页。
3			黑水城出土《比丘像》画面右下角戴莲蕾形金珠冠的女供养人。图见《丝路上消失的王国——西夏黑水城的佛教艺术》，台北历史博物馆，1996年，第239页，编号X.2400。
4			黑水城出土《不动明王》左下角跪着祈福的女供养人。图见《丝路上消失的王国——西夏黑水城的佛教艺术》，台北历史博物馆，1996年，第171页，编号X.2375。

续表

图像			来源
序号	局部	原图	
5		 原图  临摹图	榆林窟第29窟南壁西侧女供养人。图见敦煌研究院编：《中国石窟——安西榆林窟》，文物出版社，2012年，图版120。临摹图系宁夏博物馆展陈资料。
6			黑水城出土《普贤菩萨和供养人》中的四瓣莲蕾形金珠冠。图见《俄罗斯国立艾尔米塔什博物馆藏黑水城艺术品》Ⅰ，上海古籍出版社，2008年，图版30，编号X.2435。

续表

序号	图像		来源
	局部	原图	
7		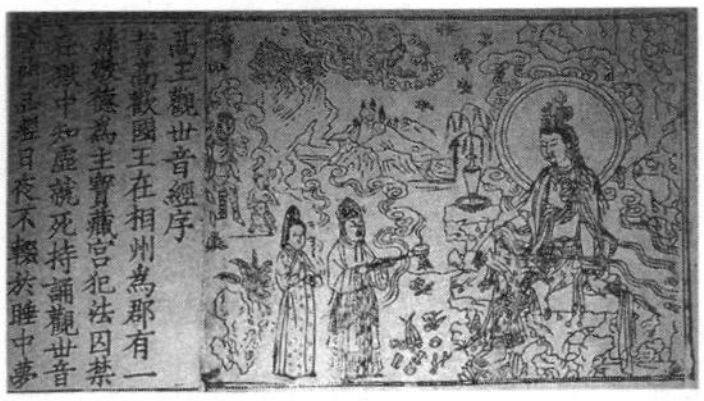	黑水城出土《高王观世音经》（6-1）中女供养人冠式。图见《俄罗斯科学院东方研究所圣彼得堡分所藏黑水城文献》③，上海古籍出版社，1996年，第36页。
8			瓜州东千佛洞西夏石窟第2窟西夏女供养人。①图见张宝玺：《瓜州东千佛洞西夏石窟艺术》，学苑出版社，2012年，第180页，图版33。
9			瓜州东千佛洞西夏石窟第5窟女供养人。图见张宝玺：《瓜州东千佛洞西夏石窟艺术》，学苑出版社，2012年，第223页。局部线描图见张先堂：《瓜州东千佛洞第5窟西夏供养人初探》，《敦煌学辑刊》2011年第4期，第51页。

---

① 张宝玺先生指出，这6身（图中显示前4身）女供养人"均头戴高耸的桃形冠"。（张宝玺：《瓜州东千佛洞西夏石窟艺术》，北京：学苑出版社，2012年，第180页。）细观之，她们的冠饰上隐约显示有分隔线，推测应是四瓣莲蕾形金珠冠的花瓣分割线，第三身冠饰显得尤为明显（从左至右）。故笔者认为这些女供养人所戴可能是莲蕾形金珠冠。

表28   桃形冠

序号	图像		来源
	局部	原图	
1			戴桃形凤冠的西夏王妃供养像。图见敦煌文物研究所编:《中国石窟——敦煌莫高窟》五,文物出版社,1990年,第134页。
2			戴桃形冠西夏女供养人。图见郑军、朱娜:《中国敦煌壁画人物艺术》,人民美术出版社,2008年,第271页。
3			戴桃形冠的西夏女供养人。图见袁杰英:《中国历代服饰史》,高等教育出版社,1994年,第147页。

续表

图像			来源
序号	局部	原图	
4		 原图  线描图	榆林窟第2窟西夏命妇桃形冠式。图见中国壁画全集编辑委员会编:《中国美术分类全集——中国敦煌壁画全集10》"敦煌西夏元卷",天津人民美术出版社,1996年,第58页。线描图采自王静如:《敦煌莫高窟和安西榆林窟中的西夏壁画》,《文物》1980年第9期,第51页。

表29　　　　其他冠饰

图像			来源
序号	局部	原图	
1			黑水城出土《摩利支天》中的女供养人。图见《俄罗斯国立艾尔米塔什博物馆藏黑水城艺术品》Ⅱ,上海古籍出版,2012年,图版122,编号X.2363。

续表

序号	图像		来源
	局部	原图	
2			黑水城出土《阿弥陀佛来迎》图中女亡者。图见《俄罗斯国立艾尔米塔什博物馆藏黑水城艺术品》Ⅰ，上海古籍出版社，2008年，图版16，编号X.2412。
3			P.181（D.464）-5西夏（元）甬道南壁女供养人。图见《俄罗斯国立艾尔米塔什博物馆藏敦煌艺术品》Ⅳ，上海古籍出版社，2002年，第357页。
4		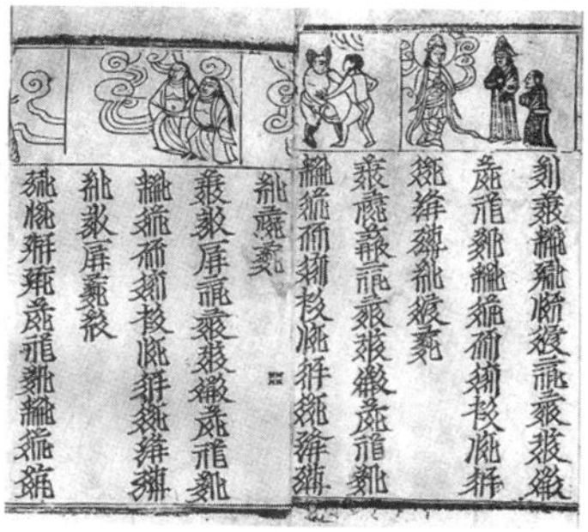	黑水城出土西夏文刻本《妙法莲华经·观世音菩萨普门品》（27—8）女供养人。图见《中国藏西夏文献》十六，甘肃人民出版社，2005年，第54页。
5			女供养人塑像，出土于内蒙古额济纳旗达兰呼布镇东40公里处古庙。图见汤晓芳等主编、西夏博物馆编:《西夏艺术》，宁夏人民出版社，2003年，第62页。

西夏平民帽式

表30   巾帕

序号	局部	原图	来源
1			榆林窟第3窟东壁南侧五十一面千手观音经变《锻铁图》中裹巾帕的平民。图见敦煌研究院编：《中国石窟——安西榆林窟》，文物出版社，2012年，图版146。
2			
3			
4			榆林窟第3窟东壁南侧五十一面千手观音经变《舂米图》中裹巾帕的平民。图见敦煌研究院编：《中国石窟——安西榆林窟》，文物出版社，2012年，图版147。
5			榆林窟第3窟东壁南侧五十一面千手观音经变《耕作图》中裹巾帕的平民。图见敦煌研究院编：《中国石窟——安西榆林窟》，文物出版社，2012年，图版148。

续表

序号	图像		来源
	局部	原图	
6			榆林窟第3窟东壁南侧五十一面千手观音经变《酿造图》中裹巾帕的平民。图见敦煌研究院编：《中国石窟——安西榆林窟》，文物出版社，2012年，图版146。
7		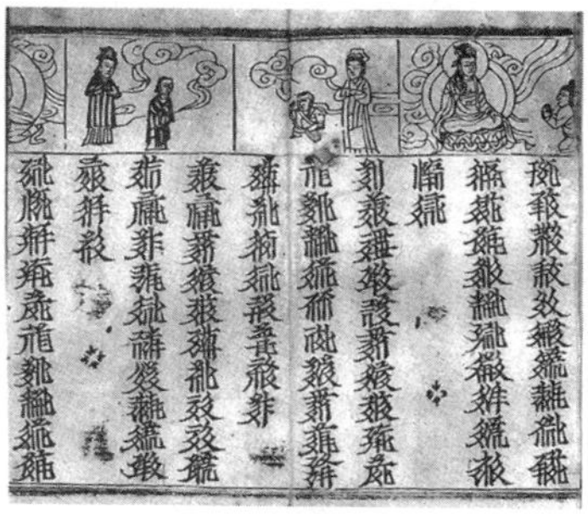	黑水城出土西夏文刻本《妙法莲华经·观世音菩萨普门品》（27-9）中裹巾帕女供养人。图见《中国藏西夏文献》十六，甘肃人民出版社，2005年，第55页。
8			俄TK18《金刚般若波罗蜜经（12-2）》版画中的女供养人。图见《俄罗斯科学院东方研究所圣彼得堡分所藏黑水城文献》①，上海古籍出版社，1996年，第349页。
9			西夏武威墓木板画中戴黑巾老仆。图见史金波、俄军：《西夏文物·甘肃编》，中华书局、天津古籍出版社，2014年，第1583页。

表31

饰花或发钗

序号	图像		来源
	局部	原图	
1			黑水城出土《妙法莲华经·观世音菩萨普门品》第二十五（7-2）佛经版画中的女供养人。图见《俄罗斯科学院东方研究所圣彼得堡分所藏黑水城文献》②，上海古籍出版社，1996年，第326页。
2			黑水城出土佛经插图版画《佛说转女身经》一卷（54-2）中的纺织妇女。图见《俄罗斯科学院东方文献研究所圣彼得堡分所藏黑水城文献》①，上海古籍出版社，1996年，第198页。
3		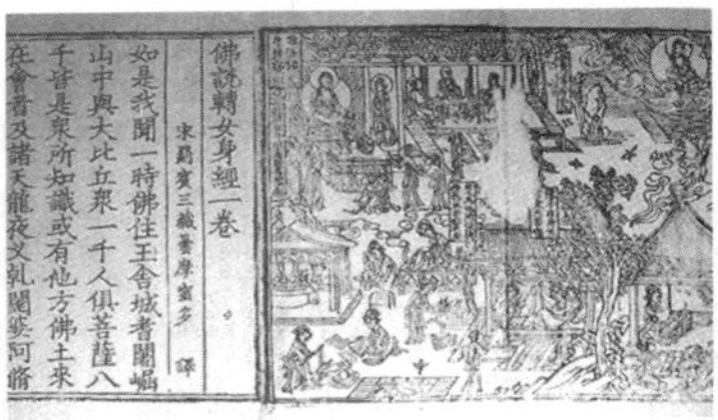	黑水城出土佛经插图版画《佛说转女身经》一卷（54-3）中的劳动妇女。图见《俄罗斯科学院东方研究所圣彼得堡分所藏黑水城文献》①，上海古籍出版社，1996年，第199页。
4			

表32　　　　　　　　　　　　平民男子幞头

图像			来源
序号	局部	原图	
1			榆林窟第2窟东壁中间西夏《商人遇盗图》中戴幞头的商人。图见敦煌研究院编：《中国石窟——安西榆林窟》，文物出版社，2012年，图版133。
2			武威西夏墓木板画中戴展脚幞头的男侍从。图见史金波、俄军：《西夏文物·甘肃编》，中华书局、天津古籍出版社，2014年，第1581页。
3			榆林窟第3窟东壁南侧五十一面千手观音经变《杂技图》中戴幞头的技人。图见敦煌研究院编：《中国石窟——安西榆林窟》，文物出版社，2012年，图版147。
4			

参考文献

一、古籍类（按古籍编撰年代排序）

[1] 汉·刘熙：《释名》，北京：中华书局，1983年。

[2] 汉·许慎：《说文解字》，上海：上海古籍出版社，1993年。

[3] 汉·王充：《论衡》，上海：上海古籍出版社，1990年。

[4] 后晋·刘昫等撰：《旧唐书》，北京：中华书局，1975年。

[5] 南朝宋·范晔撰，唐·李贤等注：《后汉书》，北京：中华书局，1965年。

[6] 隋·虞世南：《北堂书钞》，天津：天津古籍出版社，1988年。

[7] 唐·魏征等撰：《隋书》，北京：中华书局，1973年。

[8] 唐·房玄龄等撰：《晋书》，北京：中华书局，1974年。

[9] 唐·封演撰，赵贞信校注：《封氏闻见记校注》，北京：中华书局，2005年。

[10] 唐·杜佑撰，王文锦、王永兴、刘俊文、徐庭云、谢方点校：《通典》，北京：中华书局，1988年。

[11] 宋·欧阳修撰：《新五代史》，北京：中华书局，1974年。

[12] 宋·欧阳修、宋祁撰：《新唐书》，北京：中华书局，1975年。

[13] 宋·陆游撰，李剑雄、刘德权点校：《老学庵笔记》，北京：中华书局，1979年。

[14] 宋·吴自牧：《梦粱录》，杭州：浙江人民出版社，1984年。

[15] 宋·李焘：《续资治通鉴长编》，北京：中华书局，1985年。

[16] 宋·王得臣：《麈史》，上海：上海古籍出版社，1986年。

[17] 宋·周密：《武林旧事》，杭州：西湖书社，1981年。

[18] 宋·司马光著，邓广铭、张希清点校：《涑水记闻》，北京：中华书

局，1989年。

［19］宋·沈括著，侯真平点校：《梦溪笔谈》，长沙：岳麓书社，1998年。

［20］宋·黎靖德编，王星贤点校：《朱子语类》，北京：中华书局，1986年。

［21］宋·赵彦卫撰：《云麓漫钞》，北京：中华书局，1996年。

［22］宋·孟元老：《东京梦华录》，北京：中华书局，1982年。

［23］宋·李廌撰，孔凡礼点校：《师友谈记》，北京：中华书局，2002年。

［24］宋·李昉等撰，《太平御览》，上海：上海古籍出版社，2008年。

［25］宋·苏轼撰，清·王文诰辑注，孔凡礼点校：《苏轼诗集》，北京：中华书局，1982年。

［26］宋·胡仔：《苕溪渔隐丛话·前集》，商务印书馆丛书集成初编本，1937年。

［27］西夏·骨勒茂才著，黄振华、聂鸿音、史金波整理：《番汉合时掌中珠》，银川：宁夏人民出版社，1989年。

［28］元·脱脱等撰：《宋史》，北京：中华书局，1985年。

［29］元·脱脱等撰：《辽史》，北京：中华书局，1974年。

［30］元·脱脱等撰：《金史》，北京：中华书局，1975年。

［31］明·沈德符撰：《万历野获编》，北京：中华书局，1959年。

［32］明·王圻、王思义编集：《三才图会》，上海：上海古籍出版社，1985年。

［33］明·谢肇淛撰，傅成校点：《历代笔记小说大观·五杂组》，上海：上海古籍出版社，2012年。

［34］清·吴广成撰，龚世俊等校正：《西夏书事》，兰州：甘肃文化出版社，1995年。

［35］清·俞樾撰，卓凡、顾馨、徐敏霞点校：《茶香室四钞》，北京：中华书局，1995年。

［36］清·孙希旦撰，沈啸寰、王星贤点校：《礼记集解》，北京：中华书局，1989年。

［37］清·阮元校刻：《十三经注疏》，北京：中华书局，2009年。

［38］清·郭嵩焘撰，梁小进主编：《校订朱子家礼》，长沙：岳麓书社，2012年。

［39］清·翟灏撰，颜春峰点校：《通俗编》，北京：中华书局，2013年。

［40］清·孙诒让著，汪少华整理：《周礼正义》，北京：中华书局，2015年。

［41］清·钱谦益撰集，许逸民、林淑敏点校：《列朝诗集》，北京：中华书局，2007年。

［42］清·周春著，胡玉冰校补：《西夏书校补》，北京：中华书局，2014年。

［43］李时人编校，何满子审定，詹绪左覆校：《全唐五代小说》，北京：中华书局，2014年。

［44］史金波、聂鸿音、白滨译注：《天盛改旧新定律令》，北京：法律出版社，2000年。

［45］史金波、俄军：《西夏文物·甘肃编》，中华书局、天津古籍出版社，2014年。

［46］史金波、塔拉、李丽雅：《西夏文物·内蒙古编》，中华书局、天津古籍出版社，2014年。

［47］史金波、李进增：《西夏文物·宁夏编》，中华书局、天津古籍出版社，2016年。

［48］徐珂编撰：《清稗类钞》，北京：中华书局，2010年。

［49］杨镰主编：《全元诗》，北京：中华书局，2013年。

［50］俄罗斯国立艾尔米塔什博物馆、西北民族大学、上海古籍出版社编：《俄罗斯国立艾尔米塔什博物馆藏黑水城艺术品》Ⅰ，上海：上海古籍出版社，2008年。

［51］俄罗斯国立艾尔米塔什博物馆、西北民族大学、上海古籍出版社编：《俄罗斯国立艾尔米塔什博物馆藏黑水城艺术品》Ⅱ，上海：上海古籍出版社，2012年。

［52］台北历史博物馆编译小组：《丝路上消失的王国——西夏黑水城的佛教艺术》，台北：台北历史博物馆，1996年。

［53］俄罗斯国立艾尔米塔什博物馆、上海古籍出版社编：《俄罗斯国立艾尔米塔什博物馆藏敦煌艺术品》Ⅴ，上海：上海古籍出版社，2002年。

［54］俄罗斯国立艾尔米塔什博物馆、上海古籍出版社编：《俄罗斯国立艾尔米塔什博物馆藏敦煌艺术品》Ⅳ，上海：上海古籍出版社，2002年。

［55］宁夏大学西夏学研究中心、中国国家图书馆、甘肃五凉古籍整理研究中心编：《中国藏西夏文献》五，兰州：甘肃人民出版社、敦煌文艺出版

社，2005年。

[56] 宁夏大学西夏学研究中心、中国国家图书馆、甘肃五凉古籍整理研究中心编：《中国藏西夏文献》十二，兰州：甘肃人民出版社、敦煌文艺出版社，2005年。

[57] 宁夏大学西夏学研究中心、中国国家图书馆、甘肃五凉古籍整理研究中心编：《中国藏西夏文献》十六，兰州：甘肃人民出版社、敦煌文艺出版社，2005年。

[58] 俄罗斯科学院东方研究所圣彼得堡分所、中国社会科学院民族研究所、上海古籍出版社编：《俄罗斯科学院东方研究所圣彼得堡分所藏黑水城文献》①，上海：上海古籍出版社，1996年。

[59] 俄罗斯科学院东方研究所圣彼得堡分所、中国社会科学院民族研究所、上海古籍出版社编：《俄罗斯科学院东方研究所圣彼得堡分所藏黑水城文献》②，上海：上海古籍出版社，1996年。

[60] 俄罗斯科学院东方研究所圣彼得堡分所、中国社会科学院民族研究所、上海古籍出版社编：《俄罗斯科学院东方研究所圣彼得堡分所藏黑水城文献》③，上海：上海古籍出版社，1996年。

[61] 俄罗斯科学院东方研究所圣彼得堡分所、中国社会科学院民族研究所、上海古籍出版社编：《俄罗斯科学院东方研究所圣彼得堡分所藏黑水城文献》④，上海：上海古籍出版社，1997年。

[62] 俄罗斯科学院东方研究所圣彼得堡分所、中国社会科学院民族研究所、上海古籍出版社编：《俄罗斯科学院东方研究所圣彼得堡分所藏黑水城文献》⑥，上海：上海古籍出版社，2000年。

[63] 俄罗斯科学院东方研究所圣彼得堡分所、中国社会科学院民族研究所、上海古籍出版社编：《俄罗斯科学院东方研究所圣彼得堡分所藏黑水城文献》⑩，上海：上海古籍出版社，1999年。

[64] 俄罗斯科学院东方文献研究所、中国社会科学院民族研究所、上海古籍出版社编：《俄罗斯科学院东方文献研究所藏黑水城文献》㉕，上海：上海古籍出版社，2016年。

二、论著类（按第一责任者姓名首字母排序）

[1] 陈育宁、汤晓芳：《西夏艺术史》，上海：上海三联书店，2010年。

[2] 陈炳应：《西夏文物研究》，银川：宁夏人民出版社，1985年。

[3] 陈炳应译:《西夏谚语——新集锦成对谚语》,太原:山西人民出版社,1993年。

[4] 程俊英、蒋见元著:《诗经注析·十五国风》,北京:中华书局,1991年。

[5] 陈立明、曹晓燕:《西藏民俗文化》,北京:中国藏学出版社,2003年。

[6] 戴争:《中国古代服饰简史》,北京:轻工业出版社,1988年。

[7] 杜建录:《西夏经济史》,北京:中国社会科学出版社,2002年。

[8] 杜钰洲、缪良云:《中国衣经》,上海:上海文化出版社,2000年。

[9] 敦煌研究院编:《中国石窟·安西榆林窟》,北京:文物出版社,2012年。

[10] 敦煌研究院编:《中国石窟·敦煌莫高窟》,北京:文物出版社,2013年。

[11] 敦煌研究院主编:《敦煌石窟全集·敦煌服饰画卷》,北京:商务印书馆,2005年。

[12] 傅伯星:《大宋衣冠:图说宋人服饰》,上海:上海古籍出版社,2016年。

[13] 韩小忙、孙昌盛、陈悦新:《西夏美术史》,北京:文物出版社,2001年。

[14] 华梅:《中国历代〈舆服志〉研究》,北京:商务印书馆,2015年。

[15] 华夫主编:《中国古代名物大典》,济南:济南出版社,1993年。

[16] 黄能馥:《中国服饰通史》,北京:中国纺织出版社,2007年。

[17] 河北省文物研究所编:《宣化辽墓壁画》,北京:文物出版社,2001年。

[18] 高春明:《中国服饰名物考》,上海:上海文化出版社,2001年。

[19] 高春明、刘建安:《西夏艺术研究》,上海:上海古籍出版社,2009年。

[20] 贾维维:《榆林窟第三窟壁画与文本研究》,杭州:浙江大学出版社,2020年。

[21] 吕思勉:《中国制度史》,上海:上海教育出版社,2002年。

[22] 李肖冰:《中国西域民族服饰研究》,乌鲁木齐:新疆人民出版社,1995年。

［23］刘永华：《中国古代军戎服饰》，上海：上海古籍出版社，2006年。

［24］梁松涛：《西夏文〈宫廷诗集〉整理与研究》，上海：上海古籍出版社，2018年。

［25］李华瑞：《宋夏关系史》，北京：中国人民大学出版社，2010年。

［26］李蔚：《中国历史·西夏史》，北京：人民教育出版社，2009年。

［27］雷润泽、于存海、何继英主编：《西夏佛塔》，北京：文物出版社，1995年。

［28］宁夏文物考古研究所编：《拜寺沟西夏方塔》，北京：文物出版社，2005年。

［29］宁夏文物考古研究所编：《山嘴沟西夏石窟》，北京：文物出版社，2007年。

［30］阮荣春：《佛教艺术经典》第二卷《佛教图像的展开》，沈阳：辽宁美术出版社，2015年。

［31］沈从文：《中国古代服饰研究》，上海：上海书店出版社，2002年。

［32］沈从文：《中国服饰史》，西安：陕西师范大学出版社，2004年。

［33］沈从文：《中国古代服饰研究》，北京：商务印书馆，2011年。

［34］孙机：《中国古舆服论丛（增订本）》，上海：上海古籍出版社，2013年。

［35］史金波：《西夏社会》，上海：上海人民出版社，2007年。

［36］史金波：《西夏佛教史略》，银川：宁夏人民出版社，1988年。

［37］史金波、白滨、黄振华：《文海研究》，北京：中国社会科学出版社，1983年。

［38］汤晓芳等主编，西夏博物馆编：《西夏艺术》，银川：宁夏人民出版社，2003年。

［39］吴天墀：《西夏史稿》，北京：商务印书馆，2010年。

［40］吴山：《中国历代装饰纹样》第三册，北京：人民美术出版社，1988年。

［41］吴山：《中国纹样全集·宋·元·明·清卷》，济南：山东美术出版社，2009年。

［42］西藏人民出版社：《西藏唐卡大全》，拉萨：西藏人民出版社，2005年。

［43］谢继胜：《西夏藏传绘画——黑水城出土西夏唐卡研究》，石家庄：

河北教育出版社，2002年。

[44] 谢志高：《历代名画录——高士古贤》，南昌：江西美术出版社，2014年。

[45] 袁杰英：《中国历代服饰史》，北京：高等教育出版社，1994年。

[46] 郑军、朱娜：《中国敦煌壁画人物艺术》，北京：人民美术出版社，2008年。

[47] 张宝玺：《瓜州东千佛洞西夏石窟艺术》，北京：学苑出版社，2012年。

[48] 张书光：《中国历代服装资料》，合肥：安徽美术出版社，1990年。

[49] 竺小恩：《敦煌服饰文化研究》，杭州：浙江大学出版社，2011年。

[50] 臧迎春：《中国传统服饰》，北京：五洲传播出版社，2003年。

[51] 周锡保：《中国古代服饰史》，北京：中国戏剧出版社，1991年。

[52] 周汛、高春明：《中国衣冠服饰大辞典》，上海：上海辞书出版社，1996年。

[53] 中国大百科全书编辑部编著：《中国大百科全书·中国佛教·汉地佛教/藏传佛教》，北京：中国大百科全书出版社，1988年。

[54]【意】图齐著，耿昇译：《西藏宗教之旅》，北京：中国藏学出版社，2005年。

[55]【俄】克恰诺夫、李范文、罗矛昆著：《圣立义海研究》，银川：宁夏人民出版社，1995年。

[56]【俄】捷连吉耶夫—卡坦斯基著，崔红芬、文志勇译：《西夏物质文化》，北京：民族出版社，2006年。

三、论文类（按第一责任者姓名首字母排序）

[1] 陈国灿：《西夏天盛典当残契的复原》，《中国史研究》1980年第1期。

[2] 崔红芬：《藏传佛教各宗派对西夏的影响》，《西南民族大学学报（人文社科版）》2006年第5期。

[3] 崔岩、楚艳：《敦煌石窟回鹘公主供养像服饰图案研究》，《艺术设计研究》2019年第1期。

[4] 陈霞：《西夏服饰审美特征管窥》，《学理论》2010年11月。

[5] 陈于柱：《武威西夏二号墓彩绘木板画"蒿里老人"考论》，载杜建录主编《西夏学》第五辑，上海：上海古籍出版社，2010年。

［6］程晓英、贾玺增：《中国古代冠类首服的造型分类与文化内涵》，《纺织学报》2008年第10期。

［7］段岩、彭向前：《〈西夏译场图〉人物分工考》，《宁夏社会科学》2015年第4期。

［8］伏兵：《中国古代的巾、帽弁和帻》，《四川丝绸》2000年第4期。

［9］高春明：《西夏服饰考》，《艺术设计研究》2014年第1期。

［10］黄颢：《〈贤者喜筵〉译注一》，《西藏民族学院学报》1986年第2期。

［11］贾玺增：《中国古代首服研究》，东华大学博士学位论文，2006年。

［12］李范文：《西夏官阶封号表考释》，《社会科学战线》1991年第3期。

［13］李玉琴：《藏传佛教僧伽服饰释义》，《西藏研究》2008年第1期。

［14］李翎：《"玄奘画像"解读——特别关注其密教图像元素》，《故宫博物院院刊》2012年第4期。

［15］李晰：《西夏服饰文化的汉化现象——浅析汉文化对西夏服饰美学的影响》，《作家》2010年第2期。

［16］李怡、林泰然：《唐代文官常服幞头形制变迁的文化审视》，《吉林艺术学院学报·学术经纬》2013年第1期。

［17］李姿萱：《中国古代头衣命名研究》，西安外国语大学硕士学位论文，2017年。

［18］聂鸿音、史金波：《西夏文本〈碎金〉研究》，《宁夏大学学报（社会科学版）》1995年第2期。

［19］曲小萌：《榆林窟第29窟西夏武官服饰考》，《敦煌研究》2011年第3期。

［20］任怀晟、杨浣：《西夏官服研究中的几个问题》，载杜建录主编《西夏学》第九辑，上海：上海古籍出版社，2013年。

［21］史金波：《西夏译经图解》，《文献》1979年第2期。

［22］史金波、白滨：《莫高窟、榆林窟西夏文题记研究》，《考古学报》1982年第3期。

［23］史金波：《西夏皇室和敦煌莫高窟刍议》，载杜建录主编《西夏学》第四辑，银川：宁夏人民出版社，2009年。

［24］石小英：《西夏平民服饰浅谈》，《宁夏社会科学》2007年第3期。

［25］孙昌盛：《西夏服饰研究》，《民族研究》2001年第6期。

［26］孙昌盛：《西夏六号陵陵主考》，《西夏研究》2012年第3期。

［27］孙昌盛：《试论在西夏的藏传佛教僧人及其地位、作用》，《西藏研究》2006年第1期。

［28］尚世东、郑春生：《试论西夏官服制度及其对外来文化因素的整合》，《宁夏社会科学》2000年第3期。

［29］王静如：《敦煌莫高窟和安西榆林窟中的西夏壁画》，《文物》1980年第9期。

［30］王胜泽：《西夏佛教图像中的皇权意识》，《敦煌学辑刊》2018年第1期。

［31］王连起：《宋人〈睢阳五老图〉考》，《故宫博物院院刊》2003年第1期。

［32］吴天墀：《西夏称"邦泥定"即"白上国"新解》，《宁夏大学学报（社会科学版）》1983年第3期。

［33］魏亚丽、杨浣：《西夏幞头考—兼论西夏文官帽式》，《西夏研究》2015年第2期。

［34］魏健鹏：《敦煌壁画中幞头的分类及其断代功能刍议》，《艺术设计研究》2013年第2期。

［35］徐庄：《丰富多彩的西夏服饰》（连载之一），《宁夏画报》1997年第3期。

［36］徐庄：《丰富多彩的西夏服饰》（连载之二），《宁夏画报》1997年第4期。

［37］徐庄：《丰富多彩的西夏服饰》（连载之三），《宁夏画报》1997年第5期。

［38］谢继胜：《莫高窟第465窟壁画绘于西夏考》，《中国藏学》2003年第2期。

［39］谢继胜：《伏虎罗汉、行脚僧、宝胜如来与达摩多罗——11至13世纪中国多民族美术关系史个案分析》，《故宫博物院院刊》2009年第1期。

［40］谢继胜、才让卓玛：《宋辽夏官帽、帝师黑帽、活佛转世与法统正朔——藏传佛教噶玛噶举上师黑帽来源考》（上），《故宫博物院院刊》2020年第6期。

［41］谢继胜、才让卓玛：《宋辽夏官帽、帝师黑帽、活佛转世与法统正朔——藏传佛教噶玛噶举上师黑帽来源考》（下），《故宫博物院院刊》2020年第7期。

［42］谢静：《敦煌石窟中西夏供养人服饰研究》，《敦煌研究》2007年第3期。

［43］谢静、谢生保：《敦煌石窟中回鹘、西夏供养人服饰辨析》，《敦煌研究》2007年第4期。

［44］谢静：《敦煌石窟中的西夏服饰研究之二——中原汉族服饰对西夏服饰的影响》，《艺术设计研究》2009年第3期。

［45］谢静：《西夏服饰研究之三——北方各少数民族对西夏服饰的影响》，《艺术设计研究》2010年第1期。

［46］杨茉：《骷髅的嬗变》，中央美术学院硕士学位论文，2013年。

［47］岳聪：《从唐五代笔记小说看唐人服饰文化特色》，上海师范大学硕士学位论文，2012年。

［48］张先堂：《瓜州东千佛洞第5窟西夏供养人初探》，《敦煌学辑刊》2011年第4期。

［49］张宝玺：《东千佛洞西夏石窟艺术》，《文物》1992年第2期。

［50］【俄】吉拉·萨玛秀克著，马宝妮译：《西夏绘画中供养人的含义和功能》，《西夏语言与绘画研究论集》，银川：宁夏人民出版社，2008年。